SSAT·SAT

수학
용어
사전

아이비리그를 준비하는
SSAT·SAT

수학용어사전

영어로 배우는 **수학**

김선주 지음

머리말

이유식을 먹이는 심정으로

내가 ESL 그리고 이중언어 교사로 23년째 근무하고 있는 포트리 고등학교에는 상당수의 한국계 학생들이 있고 그중에는 미국에 온 지 얼마 되지 않는 학생들도 많다. 나는 이 학교 ESL 클래스에서 처음 온 여러 나라 학생들에게 영어를 가르치고, 그중 한국 학생들에게는 이중언어 클래스에서 영문 독해, 작문, 어휘뿐 아니라 영어로 이해하기 힘든 수학, 과학, 사회 과목들의 이해를 도와주고 있다.

특히 이 이중언어 시간에 많은 학생들의 답답함과 좌절을 보아왔다. 외국어 배우기에 늦었다고 볼 수 있는 고등학교 시절에 이민 또는 유학을 와, 영어만 배우기에도 모자란 시간에, 대학입학에 가장 큰 영향을 미치는 학교 성적에도 신경을 쓰면서 시간과의 전쟁을 벌여야 하기 때문이다. 생물책 한 페이지를 단어 찾으며 읽고 이해하는 데 3시간이 걸렸다면서 한숨을 쉬는 아이들을 보면서, 한국 아이들이 미국 고등학교에서 일반 교과목을 공부하는 데 작은 도움이라도 주고 싶어서 이 책을 집필하게 되었다.

더욱이 수학 같은 경우 용어의 뜻이 일반적으로 쓰이는 뜻과는 전혀 다른 것이 많다. 예를 들어 'acute angle'을 찾느라고 사전에서 'acute'를 찾아보면 "예리한, 급성의"라는 뜻으로 나와 있다. 사전 어디를 보아도 이것이 0도에서

90도 사이의 각을 뜻하는 '예각'이라는 용어라는 것을 알기 힘들다. 물론 이같은 경우는 다른 과목에도 수없이 많이 있다.

전공은 영어교육이었지만 학교 시절 수학을 무척 좋아했던 까닭에 아이들의 수학을 도와주는 데 큰 어려움이 없었다. 그러다 보니 이중언어로 수학용어와 그에 관련된 연습문제들을 정리하게 되었고 이것이 2003년 ≪수학용어사전≫이라는 제목으로 출판되기도 하였다. 그리고 당시 조기유학생들뿐 아니라 수학을 원서로 공부해야 하는 수학전공 대학생들, 심지어 이곳 이민사회에서는 자녀의 수학공부를 도와주고 싶어도 영어로 된 용어 때문에 힘들었던 부모님들까지 책의 출판을 기뻐해주셨다. 그리고 내 클래스에도 한국에서 새로 오는 학생들이 내 책을 사가지고 온 경우를 종종 볼 수 있었다.

그러다가 미국에서 SAT 시험의 형태가 바뀌고 SAT 1 수학에 대수2가 추가되면서 이 책의 개정판을 내려고 초판을 절판하였는데, 이후 개인사정으로 이 일을 못하고 있던 차에 이번에 〈자유로운 상상〉에서 새롭게 이 책을 출판하게 되었다.

이 책에는 우선 미국 고등학교 9학년 과정인 대수 1과 10학년 과정인 도형에 나오는 수학용어들을 주로 다루면서 SAT에 추가된 대수 2 과정의 문제 푸는 데 필요한 용어들도 추가하였다. 따라서 이 책은 미국 대학입학에 학교성적 못지않게 중요한 SAT시험과 사립 고등학교 입학시험인 SSAT 시험에 나오는 포괄적인 수학지식을 담고 있다. 뿐만 아니라 이 용어들은 미국 고교 수학 기초과정에 나오는 반드시 익히고 넘어가야 할 용어들이기도 하다. 한국 수학이 미국보다 앞서 있으므로, 이 책을 통해 용어만 영어로 신속히 이해하면 학교 수학시간이나 SAT 혹은 SSAT 시험에서 좋은 성적을 얻을수 있을 것으로 확신한다.

그동안 시중에 이런 유의 책이 몇 권 출판되었지만, 이 책은 몇 가지 점에서 그 책들과 차별화된다.

첫째는, 이 책에는 각 용어와 관련된 실제 문제들과 미국식으로 문제 푸는 법을 설명하였다. 왜냐하면 미국 수학시험에서는 푸는 과정까지 쓰라는 문제가 많고 과정이 맞으면 정답이 아니더라도 일부 점수를 주기 때문이다. 그러므로 이 책은 단순한 용어사전 수준을 넘어 수학에 약한 학생들이 문제 푸는 법까지 공부할 수 있는 학습사전이라고 볼 수 있다.

둘째로, 용어와 관련된 중요한 정리나 공식, 알아야 할 수학지식들을 참고사항으로 정리하여 놓았다는 점이다. 그러므로 특히 도형의 경우 한국 학생들에게 특히 힘든 증명 등의 문제를 풀 때 큰 도움이 될 것이다.

세번째로, 이 책에 나오는 용어들은 이곳 여러 학군에서 현재 사용하는 수학교재들에 근거하여 총괄적으로 정리된 것이다. 또한 용어에 붙어있는 *표는 빈도수를 표시하는 것으로, 가장 자주 쓰이는 용어는 *표 세개, 그 다음은 두개, 한 개의 순서로 정리되어 있다. 또한 알파벳 순서로 된 수학용어에 한글로 토를 달아, 따로 사전을 찾아보지 않고도 단시간 내에 영어로 된 수학용어를 이해할 수 있도록 하였다. 또한 한글로 설명을 할 경우에는 거꾸로 영어로 토를 달아 여러번 보는 동안 자연스럽게 그 영어가

익혀지게 된다.

  마지막으로, 이 책에는 한국 학생들에게 혼동되기 쉬운 수학적 표현들을 따로 정리하여 놓았다. 또한 SAT 1 수학 시험 문제 유형, 문제 푸는 요령, SAT 수학이 학교 수학과 다른 점, 주의할 점 등을 따로 정리하여 SAT 준비에 도움이 되도록 하였다. 또한 책 마지막 부분에는 가나다순으로 용어들을 정리하여 한글로 알고 있는 용어를 영어로 찾을 때 간편하게 쓸 수 있도록 하였다.

  국제화 시대에 맞추어 한국 내에서도 될 수 있으면 여러 과목들을 영어로 공부시키려는 분위기에 맞추어, 이 책이 한국에서도 영어로 수학을 공부하고 싶은 학생들이나, 이민이나 유학을 준비하는 학생들, 아이비리그의 꿈을 가지고 SAT나 SSAT를 준비하는 학생들에게 큰 도움이 되길 바란다. 미국에서 계속 몸담고 있었던 교직에서 은퇴하기 전, 수학뿐 아니라 다른 과목도 이러한 보충 교재들을 출판하여 외국에서 힘든 첫걸음을 떼어야 하는 학생들에게 이유식처럼 먹이고 싶은 것이 나의 소박한 꿈이다.

  마지막으로 이 책이 다시 나오게 되기까지 시종일관 세심하게 애써주신 자유로운 상상 여러분과, 미국에 와 힘들게 공부하면서도 항상 나를 웃게 해주는 사랑하는 포트리 고등학교 제자들과 이 책의 출간의 기쁨을 나누고 싶다.

2011년 봄
김선주

CONTENTS

CHAPTER 01 SAT 수학이란? · 009

CHAPTER 02 혼동되기 쉬운 수학적 표현들 · 017

CHAPTER 03 A에서 Z까지의 수학용어 · 033

CHAPTER 04 한글로 찾는 수학용어 · 325

CHAPTER
01

SAT 수학이란?

제 1 장 SAT 수학이란?

I. SAT Math의 범위

SAT 수학은 대수(Algebra) 1, 2와 도형(Geometry)을 범위로 하고 있다. Pre-Calculus 는 SAT에 꼭 포함되지는 않지만, 이 과목이 도형(Geometry) 와 대수(Algebra)를 응용하는 과목 이다보니 도형(Geometry) 와 대수(Algebra)를 마친 후 SAT를 준비하면서 함께 공부하면 유리하다.

II. SAT Math 토픽

SAT 수학에서 다루고 있는 토픽들은 크게 아래의 다섯 분야로 나누어진다.

- Number and operations : 수와 연산
- Algebra and functions : 대수와 함수
- Geometry : 도형
- Statistics : 통계
- Probability : 확률
- Data Analysis : 자료 분석

더 구체적으로 다음에 열거한 토픽들은 반드시 익혀놓아야 한다.
1) Real Numbers(실수) : Integers (정수), Rational numbers(유리수), Irrational numbers(무리수), Whole numbers(0을 포함한 자연수), Natural Numbers(자연수), Fractions(분수), odd and even numbers properties(홀수와 짝수에 관한 성질들)
2) Factors(약수) : Numbers of factors of a number (약수의 갯수)
3) Absolute Value (절대 값), laws of exponents (지수법칙), radical expression(무리식)

4) LCM(최소공배수)와 GCD(최소공배수)의 개념(concept)과 문제에서의 적용방법
5) Factorial (팩토리얼: 계승)이 포함된 수의 최대값(maximum value) 구하는 방법.
6) Basic sums(기본적인 합) 구하기 : 계산기 이용 가능
7) Surds(부진근수)와 Indices (index : 지수의 복수)의 성질(properties)과 이를 이용한 문제
8) Polynomials (다항식) : 3차 다항식 (degree 3 polynomials) 까지의 Addition(덧셈), Subtraction(뺄셈), Multiplication(곱셈) and division(나누기)
9) Linear equations (1차 방정식) : 1,2개의 변수(variables)가 포함된 일차방정식(linear equation)
10) Quadratic equations (2차 방정식) 풀기와 인수분해 (factorization)
11) Remainder(나머지)와 약수(factors)에 관한 정리(theoram)의 적용
12) Lines(선)과 Angles(각)에 관한 성질(properties)
13) Triangles(삼각형)의 성질(properties), 각(angles)의 합(sum), 그리고 exterior angle(외각)에 관한 문제
14) Congruent triangles (삼각형의 합동)에 관한 정리(theorams)들과 이를 이용한 문제
15) Similar Triangles(삼각형의 닮음) : 닮은(similar) 삼각형(triangle)의 면적(area), 길이의 비율(ratio) 등과 같은 삼각형의 닮음(similar triangles)에 관한 성질에 관한 문제
16) Quadrilaterals (사각형) – 여러 종류의 사각형(quadrilaterals)의 성질(properties)에 관한 문제
17) Plane figures (평면도형)의 Area(면적)에 관한 문제
18) Volume (부피) : sphere(구), cube(정육면체), cylinder(원기둥), cone(원뿔) 등과 같은 입체도형(solids)의 부피에 관한 문제
19) Mean(평균), mode(모드 : 최빈값), 그리고 median(중앙값)
20) Permutation(순열)과 combination(조합)에 관한 기본적인 문제
21) Probability (확률) : 확률(probability)의 기본 개념에 관련된 문제

III. SAT 수학 문제 유형

SAT 수학에는 객관식(multiple choice)과 스스로 답을 써넣는 (student produced response) 질문 두 가지가 있다.

다섯 가지 보중 하나를 골라야 하는 객관식(multiple choice)문제는 한 문제에 raw point 1점이 주어지며 오답일 경우 4분의 1점이 삭감된다. 대신 시도하지 않은 문제에 대한 감점은 없다. 객관식 문제가 어려운 이유 중 하나는 때로 "주어진 조건만으로는 정답을 알 수 없음"이라는 보기가 있기 때문이다. 이런 문제들이 지난 수년간 줄어들기는 했지만 아직도 이런 문제가 나오고 있어 수험생들을 어렵게 하고 있다.

스스로 답을 써넣는 문제(student produced response)에서는 정답 하나에 raw point 1점이 주어지고 대신 틀린 답이나 답을 하지 않은 문제에 대한 감점은 없다. 이런 문제에서는 학생들이 주어진 네 칸의 공간에 직접 문자나 숫자로 답을 표시(grid-in)해야 한다. 합성수(mixed number)는 쓸 수 없기 때문에 소수(decimal)이나 가분수(improper fraction)를 이용하여 답을 표시한다. 이런 문제는 다는 아니지만 대부분 응용문제들이다.

SAT Math 에는 54개의 문제가 세 파트에 나누어져 있다.
첫 번째 section : 25분 - 객관식 문제 20개
두 번째 section : 25분 - 객관식 문제 8개와 직접 표기하는 grid-in 문제 10개
세 번째 section : 20분 - 객관식 문제 16개
총 54문제 중 44개가 객관식, 10개가 grid in이다.

IV. SAT 문제 푸는 요령
1. 쉬운 문제부터 푼다.
SAT 문제들은 쉬운 문제부터 시작하여 점점 어려운 문제순으로 배

열되어 있다. 예를 들어 1번부터 5번이 객관식이면 1번이 가장 쉬운 객관식 문제이고 5번이 가장 어려운 객관식 문제이며, 6번부터 10번이 답을 써넣는 문제이면 그 중에 6번이 가장 쉬운 문제이고 10번이 가장 어려운 문제이다. 이것을 생각하여 앞부분에 있는 쉬운 문제부터 풀어 나가면서 시간 배정을 잘 하도록 한다.

2. 문제를 빨리 정확하게 풀기 위해 다음을 참고하라.
- 정답이 아닌 답들을 제거(process of elimination)하기 위해 빨리 암산으로 대충 답을 계산해본다.
- 응용문제(word problem)는 대수식(algebraic expression)으로 바꾸어 푼다.
- 상식을 이용한다.
  예를 들어 A는 주어진 일을 2시간에 완성할 수 있고 B는 3시간에 완성할 수 있는데 둘이 함께 할 경우 얼마의 시간이면 이 일을 완성할 수 있겠는가 하는 문제에서, 보기 중 2시간이 넘는 것이 있다면 당연히 정답이 아니다. 왜냐하면 상식적으로 생각해보아도 이 일은 A 혼자서도 2시간이면 할 수 있는 것이므로, 당연히 2시간보다 적은 답을 찾아야 한다. 따라서 1시간 12분이 것이 정답인 것이다.
- 필요시 계산기를 이용한다.
  계산기는 자신이 쓰던 익숙한 것으로 가지고 가는 것이 좋으나 그렇게 복잡한 기능이 요구되지 않으므로 간단한 계산기가 더 좋다. 그러나 계산기 사용에는 몇 가지 문제점도 있음을 기억해야 한다. 먼저, 여러 단계의 계산이 필요한 경우 계산기로 계산을 하다보면 계산순서에 오류가 있을 수 있고, 숫자를 잘못 칠 수도 있는데 그럴 경우 종이에 계산할 때처럼 기록이 남지 않기 때문에 어디서 계산이 잘못되었는지 알 수가 없다. 더 위험한 것은 계산기를 사용하느라 문제에서 눈을 떼게 되고 계산에만 집중하다 보면 어떻게 문제를 풀고 있었는지를 잊어버리고 사고가 멈추게 되기 쉽다. SAT 문제는 대부분 길고 복잡한 계산을 필요로 하지 않기 때문에 계산기로 계산을 해야 한다면 문제가 요구하는 답에서 벗어나고 있는지도 모른다. 그래서 대부분 시험관들은 계산기를 가지고 오는 것은 허용하나 아주 꼭 필요할 때만 사용할 것을 권 한다

- 문제에서 요구하는 것이나 문제 푸는데 도움이 되는 것들을 시험지에 표시하면서 문제를 푼다. (시험지에 글씨를 써도 된다)

3. 문제에 나오는 "not" "except" 과 같은 말들에 주의하고 모든 값의 단위 (Unit of measure)를 무엇을 썼는지 잘 파악한다.

4. 특히 응용문제(word problems)를 풀 때 문제 푸는 법이 즉시 생각이 안날 때는 보기를 문제에 대입하여 거꾸로 풀어본다. 이때 보기 중 가운데 값인 C부터 넣어보는 것이 좋다. 그래서 답이 너무 크면 그보다 작은 A나 B가 답일 것이고 C가 너무 작다면 D나 E가 답일 것이다.

5. 임의로 값을 대입해보아야 할 경우 쉬운 숫자를 사용하도록 한다. 퍼센트 문제에는 100을 넣어보는 것이 좋다.

6. 필요할 경우 그림(diagram)으로 그려가면서 푼다. 특히 응용문제나 도형에 관한 문제일 경우 그려보는 것이 많은 도움이 된다.

7. 도형이 문제에 포함되어 있을 경우 별도의 설명이 없는 한 그 도형은 정확하게 그려져 있는 것고이 또한 문제 푸는데 꼭 필요해서 주어진 것이므로 반드시 활용한다.

8. 스스로 답을 써넣는 문제들 (Student Produced Response Questions)을 풀 때는

1) 문제들을 빨리 훑어보고 자신이 있는 문제부터 풀도록 한다. 그 후에 남은 문제들을 첫 부분부터 차례로 풀어가도록 한다. 여기서도 문제가 난이도순으로 정렬되어 있기 때문이다. 그리고 시간이 모자라면 답을 추측이라도 해서 쓰는 것이 좋다. 왜냐하면 이 문제들은 틀려도 감점이 없기 때문이다.

2) 문제를 풀고 답을 표시(grid-in) 할 때는 대부분 네 칸 중 아무 칸이나 사용할 수 있다. 만일 음수나 다섯자리 이상의 답이 나왔다면 문제를 잘못 푼 것이다. 왜냐하면 이런 문제의 답은 0에서 9999 사이이기 때문이다. 단, 답이 $\frac{18}{20}$ 처럼 분모, 분자가 다 두 단위 수라 네 칸을 넘을 경우 약분하여 $\frac{9}{10}$ 으로 쓰면 된다.

3) 정수와 분수가 혼합되어 있는 수 (Mixed numbers) 예를 들어 $1\frac{1}{2}$ 같은 수는 기입할 수 없으므로 가분수(improper fraction)인 $\frac{3}{2}$ 나 소수(decimal)인 1.5로 고쳐서 기입한다. 순환소수 (repeating decimal), 즉 $\frac{2}{3}$ =0.6666이 답일 경우, 소수점 왼쪽의 0은 생략해도 되고, .666 또는 반올림(rounding) 하여, .667을 기입하든지, 분수로 $\frac{2}{3}$ 라고 기입하도록 한다.

4) 답을 bubble in (답에 해당하는 동그라미를 까맣게 칠하는 것)하기 전, 그 위의 빈 칸에 먼저 답을 써놓고 하는 것이 정확하게 답을 표시하는데 도움이 된다.

5) 답이 한 개가 넘을 경우도 있다 그 때는 그 중 아무 답이나 하나를 쓰면 된다.

6) 답은 분수와 소수 중 자연스러운 것으로 표현하면 된다.

V. SAT 수학이 학교수학과 다른 점

SAT 수학은 요즘 와서 Algebra 2가 약간 포함되었을 뿐 대부분 Algebra1과 도형(Geometry), 그리고 기초적인 논리와 확률

(probability)만 알면 된다. 근의 공식(quadratic formula)이나 삼각 법(trigonometry)도 포함되지 않고 도형(geometry)에 나오는 정리들(theorams)을 증명할 필요도 없다. 또한 SAT에서는 필요한 공식을 제공해준다. 다음은 SAT 수학이 학교 수학과 어떻게 다른지를 정리해본 것이다.

1. 학교 수학 시험에서는 문제를 다 못 풀더라도 푸는 과정에 따라서 약간의 점수를 받을 수 있으나 SAT에서는 정답이 나와야만 점수를 받을 수 있다. 그러므로 SAT 수학에서 요구되는 것은 문제를 푸는데 있어서의 민첩성과 정확성이다.
2. SAT 수학이 어려운 이유는 간단한 수학지식 있으면 풀 수 있는 문제를 매우 복잡한 문제처럼 가장시켜 놓기 때문이다. 즉 학교와는 다른 방식으로 수험생의 수학 실력을 평가하기 때문이다.
3. 학교 수학에서는 어려운 문제에 더 많은 점수를 배당하지만 SAT 수학에서는 모든 문제의 점수가 동일하다. 그러므로 어려운 문제에 매달려 시간을 소비해서는 안 되고 쉽거나 중간 정도 난이도의 문제부터 시간이 걸리더라도 정확히 풀고, 남는 시간으로 어려운 문제를 풀어야 한다.
4. 학교에서는 배운 것에 관해서만 시험을 치르지만 SAT 수학은 중학교 때 배운 것부터 최근에 배운 것까지 범위가 광범위하게 섞여 있기 때문에 각 문제마다 빨리 적응해야 한다.
5. SAT 수학시험은 논리적 사고력(reasoning) 테스트이다. 그러므로 문제가 무엇을 요구하는 것처럼 보이는지가 아니라, 실제 무엇을 요구하는지를 알아야 하는 시험이다. 그러므로 마치 x 값을 구하는 문제 같더라도, 실제 x 값은 그 문제의 정답과 아무 상관이 없고 시간만 낭비하게 만드는 것일 수도 있는 것이다.

CHAPTER
02

혼동되기 쉬운
수학적 표현들

| 혼동되기 쉬운 수학적 표현들 |

1. 거꾸로, 거꾸로!

우리말과 영어의 어순을 살펴보면 반대되는 점이 있다. 즉, 우리말에는 목적어가 먼저 나오고 그 다음에 동사가 나오지만, 영어에서는 동사가 먼저 나오고 목적어가 나온다. 이러한 이유 때문에 영어로 수학 문제를 해석하고 풀 때 혼동되는 경우가 있다.

1) Verbal Expression(문자식)을 Algebraic Expression(대수식)으로 바꾸기

대수의 기초 부분에서 많이 풀어야 하는 문제 중 문자로 쓰여져 있는 것을 수식으로 바꾸어야 하는 것이 있다. 이때, 영어의 어순이 우리말과는 반대이기 때문에 앞부분부터 식을 써 나가면 엉뚱한 식이 나오게 된다. 그러므로 아래와 같이 거꾸로 해석해 나가야 하는 경우가 많다.

예를 들어, "Write an algebraic expression for 'Three times a number x subtracted from 20.'"이라는 문제가 있다고 하자.

이 문자식을 대수식으로 바꾸려면, 먼저 맨 끝에 나오는 '20'으로부터 수식을 시작해야 한다. 빼준다(subtract)는 것은 '−' 부호로 처리하기 때문에 20으로부터(from) 빼주니까 우선, '20−three times a number x'가 된다. 이때 밑줄친 빼주는 내용 역시 'x의 3배', 이렇게 거꾸로 해석하여 $3x$가 된다. 그러므로 답은 $20-3x$가 되는 것이다.

그러면, '6 greater than half of a number y', 이 문자식을 대수식으로 바꿔보자. 'greater'는 더 커진다는 말이므로 '+' 부호로 처리한

다. 역시 끝에서부터 해석하여 y의 half(반), 즉 $\frac{1}{2}y$보다 6이 크므로 $\frac{1}{2}y+6$이 된다. 우리말 식으로 생각하여 6부터
식을 써 내려가면 안   된다.

* 문자식을 대수식으로 바꾸는 데 사용되는 다양한 표현들은 용어 리스트 중 algebraic expression 항목에 자세히 설명되어 있다.

 2) 분수(fraction) 읽기
 분수를 읽는 것에도 '거꾸로' 원칙이 적용된다. 다시 말해, 우리말에서는 분수를 읽을 때 분모를 먼저 읽고 분자를 나중에 읽는다.
 즉, $\frac{3}{5}$은 '5분의 3'이 된다.
 그러나 영어에서는 분자 '3'을 먼저 읽고 나중에 분모 '5'를 읽는다.
 즉, $\frac{3}{5}$은 'three over five'가 되는 것이다.

 한편, 영어로 분수를 읽는 또 다른 방법이 있음을 알아야 한다. 즉 분자가 1일 경우에는 모든 분모는 서수로 읽어준다. 예를 들어 $\frac{1}{3}$은 one-third, $\frac{1}{4}$은 one-fourth, $\frac{1}{5}$은 one-fifth라고 읽는다. $\frac{1}{2}$는 'one-half'라고 읽는다.

 그러나 분자가 2 이상일 경우에는 위에서처럼 ____ over ____ 라고도 읽지만, 분자를 먼저 그대로 읽고, 분모를 서수로 만들어 거기에 's'를 붙여 읽기도 한다. 즉 $\frac{2}{3}$일 경우 'two over three'라고도 읽지만 'two-thirds'라고도 읽는다. 마찬가지로, $\frac{3}{5}$은 'three over five', 혹은 'three-fifths'라고 읽는다.

 2. +, -?

우리말에서는 '+'는 항상 '플러스', 즉 더하기 부호일 뿐이다.

그러나 영어에서는 '+'에 또 하나의 뜻이 있다. 'positive' 즉 양수라는 뜻이다.

'−'도 마찬가지이다. 우리말에서는 '−'는 항상 '마이너스', 즉 빼기 부호일 뿐이나, 영어에서는 'negative', 즉 음수라는 뜻도 있다.

그러니까 + 혹은 − 부호가 더하기, 빼기를 말하는지, 아니면 양수, 음수를 가리키는 말인지 잘 구별해야 한다.

예를 들어, 아래와 같은 식,

$-75 \div (-15)$를 읽으면 'negative 75 divided by negative 15'이 된다. 즉, 이때의 − 부호는 빼라는 것이 아니라 음수를 말해주므로 'negative'로 읽어야지 'minus'라고 하면 안 된다.

3. to the thousand, to the thousandth?

"Find the value of sin 64° to the nearest ten thousandth."라는 문제를 보자. 이 문제에서 'to the nearest ten thousandth'라는 표현이 무슨 말인지 이해가 안 될 것이다.

영어로 수를 셀 때에는 ten, hundred, thousand, ten thousand(만), hundred thousand(십만), million(백만), ten million(천만), hundred million(억), billion(십억), ten billion(백억)……의 순서로 나간다.

한편, 거꾸로 소수점 아래로 세어 나갈 때는 서수(ordinal number)를 사용하여 tenth(10분의 일; 소수점 아래 한 자리), hundredth(100분의 일; 소수점 아래 두 자리), thousandth(1000분의 일; 소수점 아래 세 자리), ten thousandth(10,000분의 일; 소수점 아래 네 자리), hundred thousandth(10만분의 일; 소수점 아래 다섯 자리), ……의 순서로 나간다.

그러므로 위 문제에서 'to the nearest ten thousandth'라는 말은 $\frac{1}{10000}$, 즉 소수점 넷째 자리까지로 답을 구하라는 말이다.

이를 위해서는, 소수점 다섯째 자리를 반올림하여 답을 구해야 한다. 즉 sin 64° = 0.898794046이므로 소수점 다섯째 자리 수인 9를 반올림할 때 sin 64° ≈ 0.8988이 된다.

그렇다면 "Find the value of _____ to the nearest thousandth."라는 문제가 있다면, $\frac{1}{1000}$, 즉 소수점 세 자리까지를 구해야 하므로 소수점 넷째 자리에서 반올림하고, "Find the value of _____ to the nearest hundredth."라는 문제는, $\frac{1}{100}$, 즉 소수점 두 자리까지를 구해야 하므로 소수점 셋째 자리에서 반올림하고, "Find the value of _____ to the nearest tenth."라는 문제는, $\frac{1}{10}$, 즉 소수점 첫 자리까지 구하면 되므로 소수점 둘째 자리에서 반올림해 주면 된다.

반면에 "Find the value of _____ to the nearest ten."이라는 문제에서는 'tenth'가 아니고 'ten'임을 유의하여, 십 자리까지 구하기 위해, 일 단위에서 반올림하고, nearest hundred이면 백 자리까지 구하면 되니까 십 단위에서 반올림, nearest thousand이면 천 자리까지 구하면 되니까 백 단위에서 반올림한다.

한편, 각도를 구하라는 "Find the degree to the nearest degree." 같은 문제에서는 소수점만 없애주면 된다. 예를 들어 한 각의 크기가 30.7도이면 '7'을 반올림하여 31도로 해주면 된다.

4. meter, foot, kilometer, mile?

수학 문제에서 흔히 나오는 단위를 가리키는 말들도, 영어로 수학을 공부해야 하는 한국 학생들에게 매우 혼동되는 부분이다. 한국과 미국은 길이, 무게 등의 단위에서 다른 것을 사용하기 때문이다. 십진법에 근거한 단위를 사용하다가 inch, yard, foot 등을 사용하려면 자주 혼동을 일으키게 된다. 그러므로 본 책의 내용에 소개되어 있는 대로 1 yard = 3 feet, 1 feet = 12 inches, 1 yard = 36 inches 등의 단위 개념을 머릿속에 확실히 기억해 놓도록 하자.

한편, 모든 단위의 약자와 읽는 법은 아래와 같다.

mm	millimeter
cm	centimeter
m	meter
km	kilometer
g	gram
kg	kilogram
mL	milliliter
L	liter
$in.$	inch(인치)
ft	feet(피트)
yd	yard(야드)
mi	mile(마일)
in^2 or $sq\ in.$	square inch(제곱인치)
s	second(초)
min	minute(분)
h	hour(시간)

5. 문제도 다양, 풀기도 다양!

영어에서는 문제를 풀라는 말에 매우 다양한 표현을 사용한다.

1) Simplify

'simplify' 한다는 말은 본래 단순하게 만든다는 뜻이다.

그러나 수학에서 예를 들어 "Simplify $16a+23a+32b-6b$." 라는 문제에서 쓰일 때는, 이 식을 동류항(like terms)끼리 정리하여 간단히 하라는 것이다.

즉, $16a+23a+32b-6b=39a+26b$로 만들어야 한다. 반면에 무리수를 simplify하라는 문제에서는 분모의 무리수를 유리수로 만들어 주라는 것을 의미한다.

예를 들어 "Simplify $\frac{\sqrt{5}}{\sqrt{3}}$"의 문제에서는 분모에 $\sqrt{3}$을 곱해 주어 $\frac{\sqrt{5}}{\sqrt{3}} = \frac{\sqrt{5}}{\sqrt{3}} \cdot \frac{\sqrt{3}}{\sqrt{3}} = \frac{\sqrt{15}}{3}$으로 만들어 주어야 한다.

2) Solve

'solve'는 우리말로도 푼다는 뜻이다. 예를 들어 "Solve $x+5.5=7.8$과 같은 경우에는, 이 식을 풀어 문자 x의 값을 구하라는 것이다.

즉 $x+5.5=7.8$

$x=7.8-5.5=2.3$

이렇게 x의 값을 구한다.

3) Evaluate

'evaluate'이라는 말은 원래 평가한다는 뜻이지만, 수학 용어에서는 이 말 다음에 나오는 식의 값을 구하라는 것이다. 예를 들어 "Evaluate $5(3^2+2^3)$"과 같은 문제는, $5(3^2+2^3)=5(9+8)=85$과 같이 식의 값을 구해 주어야 한다.

4) Find

'find'라는 말은 찾는다는 말이지만 수학 문제에서는 역시 답을 구하라는 말이다. 예를 들어 "Find the value of sin 64° to the nearest ten thousandth." 라는 문제에서는, 사인 64도의 값을 소수점 네 자리까지 구하라는 것이다.

5) Factor
'factor' 하라는 말은 인수분해 하라는 말이다.
예를 들어 Factor $45a^3b^2$라는 문제는,
$45a^3b^2 = 3 \cdot 15 \cdot a \cdot a \cdot a \cdot b \cdot b$
$= 3 \cdot 3 \cdot 5 \cdot a \cdot a \cdot a \cdot b \cdot b$로 만들어 주어야 한다.

6) Solve △ABC.
"삼각형을 풀라"는 이 말은 피타고라스의 정리나 삼각함수를 이용하여 주어진 삼각형의 세 변과 각의 값을 구하라는 말이다.

7) Graph each equation.
이 말은 "방정식을 그래프로 그리라"는 뜻으로, 방정식을 푸는 방법 중 그래프를 그려서 답을 구하라는 것이다.

8) State/Determine/Explain/Demonstrate whether_____
이 말은 'whether' 이하의 내용이 사실인지 아닌지 등을 논리적으로 설명하라고 할 때 쓰이는 여러 가지 표현들이다.

9) Arrange
'arrange'라는 말은 원래 '정돈하다'라는 뜻이다.
그러나 예를 들어 "Arrange the terms of each polynomial so that the power of x are in descending order."와 같은 문제에서는, 다항식의 항들을 x의 차수가 높은 데서 낮은 순서로 정리하라는 말이다.

즉, 이 경우는 $3x^4-x+x^2-5 = 3x^4+x^2-x-5$ 로 정리해 준다.

10) Complete

이 말은 완성시키라는 뜻으로 수학에서는 빈칸을 메우라는 말이다. 예를 들어 "Complete $20s+12t=4(5s+\underline{\quad})$"과 같은 문제에서는 빈칸에 들어갈 답을 아래와 같이 구해 준다.

$20s+12t=4(5s+3t)$

11) Express

'express'라는 말은 원래 '표현하다'라는 뜻이지만, "Express each polynomial in factored form."과 같은 문제에서는, 문제 중 'in' 다음에 나오는 형태로 식을 바꾸라는 뜻이다.

예를 들어 "Express polynomial '$a(x+y)+b(x+y)$' in factored form."이라는 문제는 이 다항식을 인수분해된 형태로 바꾸라는 말이므로 $a(x+y)+b(x+y)=(a+b)(x+y)$로 바꾸어야 한다.

12) Prove

'prove'는 증명하라는 뜻으로, 주로 기하에서 어떤 내용(가설)이 사실인지, 아닌지를 여러 가지 정리(theorem) 등을 사용하여 증명하라고 할 때 쓰인다.

증명을 할 때는 Given : (주어진 조건을 명시한다)

Prove : (증명해야 할 내용을 명시한다)

Proof : (구체적으로 단계별 증명을 해나간다)의 형식으로 한다.

(proof를 하는 형식은 본 책의 paragraph proof와 two column proof를 참조할 것)

5. 골치 아픈 재산(Property)?

영어로 수학을 공부할 때 힘든 일 중 하나가 'property'이다. property는 원래 재산이라는 뜻이나, 수학에서는 '속성' 또는 '법칙'이 된다. 그러므로 "Name the property", 즉 어떤 계산에 사용된 법칙의 이름을 밝히라는 문제를 풀기 위해서는 영어로 이 property들을 기억해야 한다. algebra에서 가장 흔히 나오는 property들은 크게

distibutive property (배분법칙)
associative property (결합법칙)
commutative property (교환법칙)이 있다.

예를 들어 'Name the property illustrated by each statement.'라는 문제에서는,

$(5+4)+3=5+(4+3)$ associative property (결합법칙)
$4+3=3+4$ commutative property (교환법칙)
$(3+4)+a=7+a$ substitution property (대입법칙) 등을 밝혀야 한다.

6. 말을 잘 들어야 하는 수학!

수학 문제를 풀 때는 문제가 요구하는 그대로 하는 것이 필수적이다. 아무리 문제를 잘 푼다 해도 문제가 하라는 대로 하지 않으면 그것은 정답이 될 수 없는 것이 수학이다. 특히 외국에서는 수학을 공부할 때 식을 다 쓰면서 문제를 푸는데, 그때 그 과정이 올바르지 않으면 점수를 다 받을 수 없다. 그러므로 아래의 말들을 잘 참조하여 정확히 문제를 풀도록 한다.

1) Given

'given'은 원래 '주어진'이라는 뜻으로, 예를 들어 "Given $g(x)=x^2-x$, find $g(4b)$"라는 문제에서 'given' 이하에 나오는 말은 이 문제를 풀기 위해 사용해야 할 조건이 된다는 것이다.

그러므로 이 문제를 풀 때는 x 자리에 $4b$를 대입하여 $g(x)$를 계산해야 한다. 즉 $g(4b)=(4b)^2-4b=16b^2-4b$ 가 된다. 모든 문제를 풀 때, 이 'given' 이하에 나오는 내용을 반드시 잘 활용하여야 한다.

2) Use

문제에 'use'란 말이 나오면 그 다음에 나오는 방법으로 문제를 풀라는 것이다.

예를 들어, 연립방정식을 풀 때 여러 가지 방법을 사용할 수 있으나, "Use substitution to solve each system of equations."와 같이 문제에서 'substitution' 방법을 써서 풀라고 지정하면, 반드시 그 방법으로만 답을 구해야 한다.

즉, $x+2y=1$

$2x-5y=11$라는 연립방정식을 풀 때, substitution 방법을 사용하라고 하면 한 식을 먼저 풀어 구해진 값을 나머지 식에 대입하여 다른 한 값을 구하라는 것이다.

즉,
$x=1-2y$
$2(1-2y)-5y=11$
$2-4y-5y=11$
$-9y=9$
$y=-1$
$x=1-2(-1)=1+2=3$
답은 $(3, -1)$이 된다.

혹은 "Use elimination to solve each system of equations."라는 문제는 연립방정식을 풀 때 다른 방법이 아니라 반드시 두 식을 더하거나 빼서 한 식을 없애준 후 답을 구하는 방법으로 풀라는 것이다.

3) Solve for ___
이러한 문제는 'Solve for' 다음에 나오는 문자에 관하여 풀라는 뜻으로 예를 들어 "Solve for y in $4y-z=27$"와 같은 문제의 경우 y의 값이 나오도록, 반드시 y에 관하여 정리해야 한다.

그러므로 $4y-z=27$

$4y = 27 + z$

$y = \dfrac{27+z}{4}$ 가 답이 된다.

4) Refer to the ___
'refer' 하라는 말은 참조하라는 것이다.

즉 "Refer to the figure(number line, coordinate plane) at the right to answer each questions."라는 문제에서, 답을 구하기 위해 주어진 도형이나, 수직선, 좌표평면 등을 참고하라는 것이다.

이 경우, 문제를 푸는 데 꼭 필요한 사항들이 그 도형 등에 포함되어 있으므로, 문제를 풀 때 꼭 그 내용을 이용해야 한다.

7. Squared, Cubed?
영어로 거듭제곱 수를 읽는 법도 혼동하기 쉬운 부분이다. 일반적으로 영어로 거듭제곱 수를 말할 때는 '몇 번째 power'라는 식으로 말하면 된다.

예를 들어 5^1은 5 to the first (power),

5^2은 5 to the second (power)

5^3은 5 to the third (power),

$3a^5$은 three times a to the fifth (power)라고 읽으면 된다.

이때, power란 말은 생략할 수 있다.

또한, 제곱, 즉 예를 들어 5^2은 5 to the second(power) 외에 5 ˙squared˙ 라는 표현을 더 자주 쓰므로 혼동하지 않도록 한다.

세제곱도 예를 들어 5^3이면 5 to the third(power) 외에 5 ˙cubed˙ 라는 표현을 더 자주 사용하므로 반드시 익히도록 한다.

8. 각종 부호는 어떻게 읽나?

수학에서 자주 보던 부호들이지만 영어로 말하려면 갑자기 혼동이 온다. 대수와 기하에 나오는 다음의 부호들은 읽을 때는 아래와 같이 하면 된다.

1) 대수에 나오는 부호들

$=$	equals	(같다)
$\neq$	is not equal to	(같지 않다)
$>$	is greater than	(~ 보다 크다)
$<$	is less than	(~ 보다 작다)
$\geqq$	is greater than or equal to	(같거나 크다)
$\leqq$	is less than or equal to	(같거나 작다)
$\approx$	is approximately equal to	(근사값)
$\times$ or $\cdot$	times	(곱하기)
$\div$	divided by	(나누기)
$-$	negative or minus	(빼기 또는 음수)
$+$	positive or plus	(더하기 또는 양수)
$\pm$	positive or negative	(음수와 양수)
$-a$	opposite or additive a	(a의 덧셈에 대한 역원)
$|a|$	absolute value of a	(절대값 a)

$\sqrt{a}$	square root of a (a의 제곱근)
$P(A)$	probability of A (확률 A)
π	pi (파이)
$a:b$	ratio of a to b (a대 b)
O	origin (원점)
%	percent (퍼센트)
0.12	zero point one two (소수점)

　＊소수점을 읽을 때는 소수점 이하의 숫자는 모두 일 단위로 읽는다. 예를 들어 0.23은 '(zero) point two three'라고 읽지 '(zero) point twenty three'처럼 읽지 않는다.

°	degree ((각)도)
$f(x)$	f of x, the value of f at x (함수 x)
( )	parentheses or ordered pair

　＊parentheses가 식 중에 나오면 "open parentheses (괄호 안의 내용) close parentheses"라고 읽든지, open/close 없이 그냥 'parentheses', 또는 'quantity'라고 읽는다. 예를 들어 $y+5=-2(x+1)$는, "y plus 5 equals negative two times quantity x plus 1" 혹은 "open parentheses x plus 1 close parentheses"라 표현한다.

[ ]	brackets; also matrices (대괄호)
{ }	braces; also sets (중괄호)
∅	empty set (공집합)
$cos\ A$	cosine of A (코사인 A)
$sin\ A$	sine of A (사인 A)
$tan\ A$	tangent of A (탄젠트 A)
∠	angle A (각 A)

$\triangle ABC$	triangle ABC (삼각형 ABC)
AB	measure of AB (AB의 길이)
$\overline{AB}$	line segment AB (선분 AB)
$\overset{\frown}{AB}$	arc AB (호 AB)
$\overrightarrow{AB}$	ray AB (반직선 AB)
$\overleftrightarrow{AB}$	line AB (직선 AB)
(a, b)	ordered pair a, b

2) 기하에 나오는 부호들

h	altitude (높이)
a	apothem (변심거리)
A	area of a polygon or circle (다각형이나 원의 면적)
	surface area of a sphere (구의 겉면적)
B	area of the base of a prism, cylinder, pyramid, or cone (각뿔, 각기둥. 원뿔, 원기둥 등의 밑면의 넓이)
b	base of a triangle, parallelogram, or trapezoid (삼각형, 평행사변형, 사다리꼴의 밑변)
C	circumference (원둘레)
d	diameter of a circle (원의 지름)
	distance (거리)
AB	distance between points A and B (두 점 A와 B 사이의 거리)
A'	the image of preimage A (변형시킨 이미지)
L	lateral area (옆면적)
P	perimeter (둘레)
r	radius of a circle (반지름)
s	side of a regular polygon (정다각형의 변)

l	line l (직선 l)
m	slope (기울기)
T	total surface area (총 겉면적)
V	volume (부피)
$\odot P$	circle with center P (원점이 P인 원)
$\cong$	is congruent to, congruent (합동이다)
$\longleftrightarrow$	corresponds to (대응하다)
$\longrightarrow$	is mapped to (옮겨지다)
$\parallel$	is parallel to, parallel (평행이다)
$\perp$	is perpendicular to, perpendicular (수직이다)
$\sim$	is similar to, similar (닮음이다)

CHAPTER
03

A에서 Z까지의 수학용어

| 일러두기 |

한국식영어표기법이나 영어발음에 익숙해 가지고 미국에 온 학생들은 아는 단어도 발음을 잘 하지 못하는 관계로 사용하지 못하는 경우가 많습니다. 그러므로 이제 영어로 된 수학용어를 공부할 때 한국에서 생각했던 영어발음을 과감히 청산하고 원어민들처럼 용어들을 발음하기 위해 다음을 주의하기 바랍니다.

먼저, 단어의 마지막 자음까지 너무 확실히 발음하면 오히려 부자연스러운 발음이 됩니다. 예를 들어 집합을 뜻하는 "set"는 "쎋", 세제곱, 혹은 정육면체를 뜻하는 "cube"는 "큡", 높이를 말하는 "height"는 "하잍"로 발음하고 마지막 자음은 들릴 듯 말듯 해야지, "쎄트", "큐브", 혹은 "하이트"라고 발음하면 오히려 어색합니다.

두 번째는 모음 "o"의 발음입니다. "o"는 긴 소리인지, 짧은 소리인지에 따라 발음이 다릅니다. 그러므로 "o"를 무조건 한국어 발음의 "오"로 하는 데는 많은 오차가 있습니다. 정확히 말해 영어에 "오"라는 발음은 없습니다. 긴 모음으로 "o"가 사용되는 "cone(원뿔)"의 경우 "코운"이지 "콘"이 아닙니다. 다른 경우에는 "origin(원점)"에서처럼 "어"에 가까운 발음이 납니다. 그리고 "o"가 짧은 모음으로, 그리고 그 모음에 힘이 들어갈 때는 반드시 "아" 발음이 됩니다. 그러니까 "obtuse angle(둔각)"은 "압투쓰 앵글"이라고 발음해야지 "옵투쓰 앵글"이라고 하면 안 됩니다. 마찬가지로 홀수를 뜻하는 "odd number"는 "앋 넘버"이지 "오드 넘버"가 아님을 명심해야 합니다.

전반적으로 발음을 원어민과 같이 하려면 한국어를 할 때보다 입술을 위아래, 옆 그리고 앞뒤로 더욱 많이 사용해야 합니다. 영어는 입술을 크게 움직이지 않아도 되는 한국어와는 전혀 다른 언어이고, 한국어에 없는 소리가 매우 많이 포함되어 있기 때문입니다. 특히 "쉬" "취" "쥐" 발음을 할 때는 입술을 많이 앞으로 내밀어야 하고, "r" 발음을 할 때는 입안과 입술을 넓게 벌려야 합니다.

또한 "l" 발음을 할 때는 "ㄹ"발음이 앞뒤로 정확히 나야 합니다. 즉 끼인 각을 말하는 "included angle"은 "인크루디드 앵글"이 아니라 "인클루딛 앵글"이라고 발음해야 할 것입니다.

마지막으로, 두 음절 이상 되는 긴 단어를 발음할 때는 반드시 그 중 한 음절에 힘을 주어야 합니다. 그렇다고 힘을 주어야 할 음절이 아닌 다른 음절에 힘을 주면 전혀 알아듣지 못하는 결과가 되므로 어떤 음절에 힘을 주어야 하는지를 반드시 익혀야 합니다. 영어를 발음할 때는 마치 노래하는 듯한 기분으로 할 때 자연스러운 발음이 됩니다.

A

AA Similarity(Angle-Angle), AA 닮음* If two angles〔각〕 of one triangle〔삼각형〕 are congruent〔합동〕 to two angles of another triangle, then the triangles are similar〔닮음〕.

－두 각이 서로 같은 두 삼각형은 닮음이다.

AAS(Angle-Angle-Side), AAS 합동* If two angles〔각〕 and a nonincluded〔끼어 있지 않은〕 side〔변〕 of one triangle〔삼각형〕 are congruent〔합동〕 to the corresponding〔대응하는〕 two angles and side of a second triangle, the two triangles are congruent.

－두 각과 사이에 있지 않은 변의 길이가 같은 두 삼각형은 합동이다.

abscissa, x좌표** The first coordinate〔좌표〕 in an *ordered pair*〔순서쌍〕 of numbers that is associated with a point in the *coordinate plane*〔좌표평면〕. Also called the x-coordinate.

－순서쌍에서 처음 나오는 좌표인 x좌표.

```
EX  (2, 3)에서 2가 abscissa($x$좌표)
참고  이때 3은 $y$-coordinate 또는 ordinate($y$좌표)라 한다.
```

absolute value, 절대값*** The *positive number*〔양수〕 of any pair of opposite nonzero *real numbers*〔실수〕.

-값이 같고 부호만 다른 두 수 중 양수의 값을 말함.

> 참고 a의 절대값(absolute value)은 $|a|$로 나타낸다.
>
> EX -3, 3의 절대값은 3이며 이렇게 절대값이 같은 두 수를 'opposite(덧셈에 대한 역원)'이라고 한다. 0의 절대값은 0이다.

acute angle, 예각*** An angle〔각〕 having a measure〔값〕 between 0 and 90.

-0도보다 크고 90도보다 작은 각.

> 참고 $1°$, $30°$, $47°$, $89°$
>
> EX $90°$는 right angle(직각), $90°$에서 $180°$ 사이의 각은 obtuse angle(둔각)이라 한다.
>
>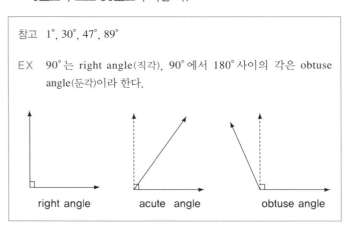

acute triangle, 예각삼각형*** A triangle〔삼각형〕 with all of the angles〔각〕 measuring less than 90 degrees.

-세 각이 다 90도보다 작은 삼각형.

참고 세 각 중 하나가 둔각(obtuse angle)이면 둔각삼각형(obtuse triangle), 세 각 중 하나가 직각(right angle)이면 직각삼각형(right triangle)이 된다.

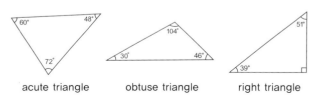

acute triangle   obtuse triangle   right triangle

addition property for inequality, 부등식의 덧셈법칙*   Given any real numbers a, b, and c;
1. If $a<b$, then $a+c<b+c$
2. If $a>b$, then $a+c>b+c$
− 부등식의 양변에 같은 수를 더해도 결과는 같다는 법칙.

addition property of equality, 등식의 덧셈법칙*   If a, b, and c are any real numbers and $a=b$, then $a+c=b+c$ and $c+a=c+b$.
− 등식의 양변에 같은 수를 더해 주어도 결과는 같다는 법칙.

EX a, b가 4이고 c가 2라면 $4+2=4+2$ 이고 $2+4=2+4$

addition property of order, 덧셈정리*   For all real numbers, a, b, and c:
1. If $a<b$, then $a+c<b+c$
2. If $a>b$, then $a+c>b+c$
− a가 b보다 크면, 같은 수를 양쪽에 더해 주어도 결과는 같다는 법칙.

EX 2<7이면 2+3<7+3 , 2<7이면 2-3<7-3
      (5) < (10)   (-1) < (4)

additive identity, 덧셈의 항등* For any number a, $a + 0 = a$

- 모든 수에 0을 더해도 그 결과는 같다는 것.

EX 3+0= 3

additive inverse, 덧셈에 대한 역원** The *additive inverse* (덧셈에 대한 역원) of the real number a is the real number $-a$ such that $a+(-a)=0$.

- 더해서 0이 되는 수.

참고 opposite이라고도 함.
    다항식(polynomial)을 빼 주려면 각 항의 additive inverse를 더해 주면 된다.

EX 1 3의 additive inverse(덧셈에 대한 역원)는 -3

EX 2 Find $(6x^2-8x+12y^3)-(-11x^2+6y^3)$.

Solution
$(6x^2-8x+12y^3)-(-11x^2+6y^3)$ Subtract polynomial(다항식)
$= (6x^2-8x+12y^3)+(11x^2-6y^3)$ by adding its additive inverse.
(다항식을 빼주려면 각 항의 덧셈에 대한 역원을 더해 준다.)
$= (6x^2+11x^2)+(-8x)+\{12y^3+(-6y^3)\}$ Group the like terms.
(동류항끼리 모은다.)
$= (6+11)x^2-8x+\{12+(-6)\}y^3$ Add the like terms.
(동류항끼리 더해준다.)
$=17x^2-8x+6y^3$
Answer.

additive inverse property, 덧셈에 대한 역원 법칙* For every number a, $a+(-a)=0$.

– 어느 수와 그 수의 덧셈에 대한 역원(additive inverse)을 더한 합(sum)은 항상 0이라는 법칙.

EX $3+(-3)=0$

addition-or-subtraction method, 가감법** A method for solving a *system of equations*〔연립방정식〕 whereby the equations〔방정식〕 are added〔더하거나〕 or subtracted〔빼주어〕 to obtain a new equation with just one variable〔미지수〕. Sometimes one or both equations must be multiplied〔곱해 준다〕 by a number.

– 연립방정식을 풀 때 미지수를 줄이기 위해 두 식을 더하거나 빼서 푸는 법.

EX Solve: $3x-y=8$, $2x+y=7$ using the addition method(가감법).

Solution
1) $3x-y=8$
   $\underline{2x+y=7}$
   $5x=15$ (두 식을 더하여 y항(y-terms)을 없앤다.)
2) $x=3$
3) $x=3$을 두 방정식 중 하나에 대입(substitute)하여 y를 구한다.
   $2 \cdot 3+y=7$
   $y=1$
4) Check(검산한다) in both *original equations*(본 방정식).
   $3 \cdot 3-1=8$, $2 \cdot 3+1=7$
∴ The solution(답) is $(3, 1)$. *Answer*.

EX2 Solve: $4s+5t=6$, $4s-2t=-8$
using the subtraction method.
Solution
1) $4s+5t=6$
   $-(4s-2t=-8)$
   $7t=14$
2) $t=2$
3) $t=2$를 두 방정식 중 하나에 대입하여 s의 값을 구한다.
   $4s+5 \cdot 2 = 6$
   $4s = -4$
   $s = -1$
∴ The solution(답) is $(-1, 2)$.   *Answer.*

adjacent angle, 접각** Two angles in the same plane〔평면〕 that have a common〔공통된〕 vertex〔꼭지점〕 and a common side〔변〕, but no common interior〔내부의〕 points〔점〕.

- 바로 옆에 붙어 있는 각.

EX 아래 그림에서 $\angle VZX$와 $\angle XZW$, $\angle XZW$와 $\angle WZY$, $\angle WZY$와 $\angle YZV$, $\angle YZV$와 $\angle VZX$가 접각(adjacent angle)이다.

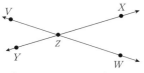

참고 이때, $\angle VZY$와 $\angle XZW$, $\angle VZX$와 $\angle YZW$는 맞꼭지각(vertical angles)이라고 한다.

adjacent arcs, 접호* Two arcs〔호〕 of a circle〔원〕 that have exactly one point in common〔공통된〕.

- 바로 옆에 붙어 있는 호.

> 참고 두 adjacent arcs로 이루어지는 arc(호)의 값(measure)은 두 arcs 의 값의 합이다(Arc Addition Postulate - 호의 덧셈정리).

EX In ⊙E, $m\angle AEN=20$, $\overline{JN}$ is a diameter(지름)
and $m\angle JES=90$. Find each measure of
$\widehat{AN}$, $\widehat{JA}$, and $\widehat{JAS}$.

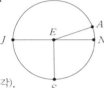

Solution
a. measure of $\widehat{AN}$
   Since $\angle AEN$ is a *central angle*(중심각),
   $m\angle AEN$ = measure of $\widehat{AN}$ = 18.
b. measure of $\widehat{JA}$
   By the Arc Addition Postulate, measure of $\widehat{JAN}$ =
      measure of $\widehat{JA} + \widehat{AN}$
   180 = measure of $\widehat{JA}$ + 20
   measure of $\widehat{JA}$ = 160
c. measure of $\widehat{JAS}$
   $\widehat{JAS}$ is the major for $\angle JES$.
   measure of $\widehat{JAS}$ = 360 - 90 = 270

Answer.

adjacent leg, 이웃변** The leg〔변〕 next to a given angle〔각〕 in a *right triangle*〔직각삼각형〕.

- 직각삼각형에서 주어진 각 바로 옆의 변.

> 참고 adjoining side라고도 한다.

against the wind, 바람을 안고* Fighting〔거슬러 싸우며〕 the

wind.

- 바람이나 물결(wind and water current)의 속도(speed)를 구하는 응용문제(word problem)에 나오는 말로 비행기가 바람을 안고, 즉 마주하여 날 때를 말한다. 이 경우 비행기의 속도에서 바람의 속도를 뺀 것이 실제 비행 속도이다.

> 참고 with the wind는 바람을 등에 업고 날 때를 뜻한다. 이때는 비행기 속도에 바람의 속도를 더해 주어야 한다.
>
> EX A plane can travel the 5400 km distance between New York and Paris in 5 hours with the wind. The return trip against the same wind takes 6 hours. Find the rate of the plane in still air and the rate of the wind.
> (한 비행기가 뉴욕과 파리 사이의 5,400킬로미터를 바람을 등에 업고 비행할 때 5시간이 걸린다. 돌아오는 길에는 바람을 안고 비행하는 까닭에 6시간이 걸린다. 바람이 없을 경우의 비행기의 속도와 바람 속도를 구하라.)
>
> *Solution*
> 1) Let r = the rate of plane in km/h and let w = the rate of wind in km/h.
> (비행기의 속도를 r이라 하고, 바람의 속도를 w라고 하자.)
>
> 2) 표(chart)를 만든다.
>
> | | Rate^{속도} × Time^{시간} | = | Distance^{거리} |
> |---|---|---|---|
> | With the wind^{바람을 업고} | $r+w$ | 5 | 5400 |
> | Against the wind^{바람을 안고} | $r-w$ | 6 | 5400 |
>
> 3) Using the chart, write two equations.
> (위의 차트를 이용, 두 방정식을 만든다.)

> $5(r+w) = 5400$, 즉 $r+w = 1080$
> $6(r-w) = 5400$, 즉 $r-w = 900$
>
> 4) $r + w = 1080$
> $\underline{r - w = 900}$
> $2r = 1980$, $r = 990$
> $990 + w = 1080$, $w = 90$
>
> 5) Check the answer. (검산한다.)
>   ∴ The *rate of the plane* is $990 \ km/h$
>   and the *rate of the wind* is $90 \ km/h$.   *Answer*.

age, 나이*   The period〔기간〕 of time that someone has lived.

- 나이가 포함된 응용문제(age problem)를 풀 때 나오는 말.

> EX Six years ago, Young was only $\frac{1}{3}$ of the age of his mother. In six years, his age will be half of his mother's age. Find their ages now.
> (6년 전 영의 나이는 어머니 나이의 $\frac{1}{3}$ 이었다. 앞으로 6년 후면 영의 나이는 어머니 나이의 반이 된다. 그들의 현재 나이는?)
>
> *Solution*
> 1) Let $y =$ Young's age now and let $m =$ his mother's age now.
>   (y를 영의 현재 나이라고 하고, m을 어머니의 현재 나이라고 하자.)
>
> 2) 표(chart)를 만든다.
>
> | Age(나이) | Now(현재) | 6 years age (6년 전) | 6 years later (6년 후) |
> |---|---|---|---|
> | Young | y | $y - 6$ | $y + 6$ |
> | Mother | m | $m - 6$ | $m + 6$ |

3) Using the chart, write two equations.
   (위의 차트를 이용, 두 방정식을 만든다.)
   6년 전 : $y-6 = \frac{1}{3}(m-6)$
   6년 후 : $y+6 = \frac{1}{2}(m+6)$

4) Simplify the equation.(방정식을 푼다.)
   $y-6 = \frac{1}{3}(m-6) \rightarrow 3y-18 = m-6$
   $y+6 = \frac{1}{2}(m+6) \rightarrow 2y+12 = m+6$
   $y-30 = -12$
   $y = 18$
   y에 18을 대입하여 푼다.
   $3(18)-18 = m-6$
   $54-18 = m-6$
   $36 = m-6$
   $m = 42$

5) Check the answer.(검산한다.)
   ∴ Young is 18 years old and his mother is 42.

   Answer.

algebraic expression, 대수식** An expression〔식〕consisting of one or more numbers and variables〔변수〕along with one or more *arithmetic operations*〔수셈〕.

- 하나 이상의 수나 문자로 된 식.

참고 algebraic expression을 만들 때 나오는 표현과 그에 해당하는 부호들

Words	Symbol
is, was, will be	=
sum(and), plus, more than, increased by, added to, older(greater) than	+
difference, minus, fewer, less than, decreased by, subtracted from, younger than	−
times, product, multiplied by	×
divided by, quotient, per,	÷
more than, greater than	>
at least	≧
fewer than, less than	<
at most	≦
unknown quantity(what, how many)	x

EX Write an *algebraic expression*(대수식) for the verbal expression "the sum(합) of two and the square(제곱) of t increased(증가되다) by the sum of t squared and 3".

Solution

the sum of two and the square of t	increased by	the sum of t squared and 3
$(2+t^2)$	+	(t^2+3)

$$= 2+t^2+t^2+3$$
$$= 2t^2+5$$

alternate exterior angles, 엇각** In the figure〔그림〕, transversal〔횡단선〕 t intersects〔교차하다〕 lines l and m. ∠5 and ∠3, and ∠6 and ∠4 are *alternate exterior angles*〔엇각〕.

-아래 그림에서 ∠5와 ∠3, ∠6과 ∠4가 엇각(alternate exterior angles)이다.

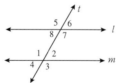

Alternate Exterior Angles Theorem, 엇각정리* If two *parallel lines*〔평행선〕 are cut by a transversal〔횡단선〕, then each pair of *alternate exterior angles*〔엇각〕 is congruent 〔합동〕.

-두 평행선과 한 직선이 교차하여 생기는 엇각(alternate exterior angles)의 크기는 같다.

> EX 위 그림의 엇각 ∠5와 ∠3, ∠6과 ∠4는 서로 크기가 같다.

alternate interior angles, 엇각** In the figure〔그림〕 transversal〔횡단선〕 *t* intersects〔교차하다〕 lines *l* and m. ∠1 and ∠7, and ∠2 and ∠8 are *alternate interior angles*〔엇각〕.

-그림에서 ∠1과 ∠7, ∠2와 ∠8이 엇각(alternate interior angles)이다.

Alternate Interior Angles Theorem, 엇각정리* If two *parallel lines*〔평행선〕 are cut by a transversal〔횡단선〕, then each pair of *alternate interior angles*〔엇각〕 is congruent〔합동〕.

- 두 평행선과 교차하는 직선으로 인하여 생기는 엇각(alternate interior angles)의 크기는 같다.

> EX 위의 그림에서 ∠1과 ∠7, ∠2와 ∠8의 크기는 같다.

altitude, 높이*** The perpendicular〔수직〕 distance〔거리〕 from the base〔밑변〕 of a geometric figure〔도형〕 to the opposite vertex〔꼭지점〕, *parallel side*〔평행한 변〕, or *parallel surface*〔평행한 면〕.

- 도형의 밑변에서 꼭지점이나, 평행한 변까지 수직으로 그은 선(perpendicular segment).

> 참고 height라고도 하며 n로 표시한다.

altitude of a cone, 원뿔의 높이** The segment〔선분〕 from the vertex〔꼭지점〕 of a cone〔원뿔〕 to the plane of the base〔밑면〕 and per-pendicular〔수직〕 to the plane of the base.

- 원뿔의 밑면과 꼭지점을 수직으로 잇는 선분(perpendicular segment).

EX
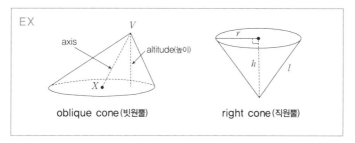

altitude of a cylinder, 원기둥의 높이* A segment〔선분〕perpendicular〔수직〕to the *base planes*〔밑면〕of a cylinder〔원기둥〕and having an endpoint in each plane.

- 원기둥의 밑면과 윗면을 수직으로 잇는 선분(perpendicular segment).

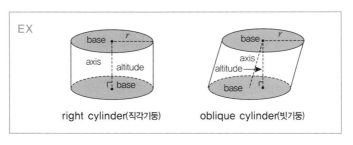

altitude of a parallelogram, 평행사변형의 높이* Any *perpendicular segment*〔수직선〕between the lines containing two of the parallel〔평행한〕sides〔변〕.

- 평행사변형의 평행한(parallel) 두 변(sides) 사이의 수직선(perpendicular segment).

altitude of a prism, 각기둥의 높이* A *segment perpendicular*〔수직선〕to the *base planes*〔밑면〕of the prism〔각기둥〕, with an endpoint in each plane.

- 각기둥의 밑면(base plane)과 윗면의 점을 수직으로(perpendicular) 잇는 선.

altitude of a pyramid, 각뿔의 높이* The *perpendicular segment*〔수직선〕from the vertex〔꼭지점〕to the plane of the base of a pyramid[각뿔][밑면].

-각뿔의 꼭지점(vertex)과 밑면(base)을 수직으로 잇는 선분(perpendicular segment).

altitude of a triangle, 삼각형의 높이** A segment[선분] from a vertex[꼭지점] of the triangle[삼각형] to the line containing the *opposite side*[대변] and perpendicular[수직인] to the line containing that side.

-삼각형의 꼭지점(vertex)과 맞변(opposite side)을 수직으로(perpendicular) 잇는 선.

angle, 각*** A figure formed by two different rays[사선] with the same endpoint[원점].

-같은 원점(endpoint)에서 나온 두 반직선(half line)으로 이루어진 도형(figure).

EX 45°는 "forty five degrees"라고 읽는다.

참고 angle은 평면(plane)을 외각(exterior angle), 내각(interior angle), 각(angle)으로 3등분한다.

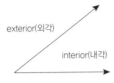

Angle Addition Postulate, 각의 덧셈정리** If R is in the interior of $\angle PQS$, then $m\angle PQR+m\angle RQS=m\angle PQS$. If $m\angle PQR+m\angle RQS=m\angle PQS$, then R is in the interior of ∠PQS.

-두 인접한 각(adjacent angles)으로 이루어진 각의 크기는 그 두 각의 합(sum)이다.

> EX Find the measure of ∠DAC.
>
> *Solution*
> Use the Angle Addition Postulate.
> $m∠DAB = m∠DAC + m∠CAB$.
> $45 = m∠DAC + 10$
> $35 = m∠DAC$
> Therefore, the measure of ∠DAC is 35.
>
>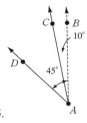
>
> *Answer.*

angle bisector, 각의 이등분선** The ray〔사선〕QS is the bisector〔이등분선〕of ∠PQR if S is in the interior of the angle and ∠PQS ≅ ∠RQS.

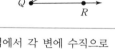

-각(angle)을 반으로 나누는 선.

> 참고 각의 이등분선(angle bisector) 위의 점에서 각 변에 수직으로 이은 선분의 거리는 같다.

angle bisector of a triangle, 삼각형의 각의 이등분선** A segment〔선분〕 that bisects〔이등분〕 an angle of a triangle〔삼각형〕 and has one endpoint at a vertex〔꼭지점〕 of the triangle and the other endpoint at another point on the triangle.

-삼각형(triangle)의 한 각(angle)을 이등분(bisect)하는 선으로 한

꼭지점(vertex)과 다른 변 위의 한 점을 잇는 선.

> 참고 아래의 Angle Bisector Theorem(각의 이등분선 정리)을 참고할 것.

Angle Bisector Theorem, 각의 이등분선 정리* An *angle bisector* [각의 이등분선] in a triangle [삼각형] separates [나눈다] the *opposite side* [대변] into segments [선분] that have the same ratio [비율] as the other two sides.

- 삼각형에서 각의 이등분선(angle bisector)은 마주 보는 대변 (opposite sides)을 다른 두 변과 같은 비율로 나눈다.

> 참고 아래 그림에서 $\overline{BD}$가 $\angle ADC$의 *angle bisector*(각의 이등분선)
> 일 때, $\dfrac{AB}{BC} = \dfrac{AD}{CD}$
>
>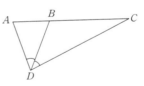
>
> EX Find the value of x.
> *Solution*
> According to 'Angle Bisector Theorem',
> $\dfrac{18}{24} = \dfrac{x}{9}$
> $24x = (18)(9) = 162$
> $x = 6.75$
>
>
>
> *Answer.*

angle of depression, 내려본각* An *angle of depression* [내려본각] is formed by a *horizontal line* [수평선] and a *line of sight* [시선] below it.

－수평선(horizontal line) 상에서 내려다본 시선으로 이루어지는 각(angle).

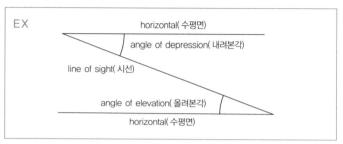

angle of elevation, 올려본각* An *angle of elevation*〔올려본각〕 is formed by a *horizontal line*〔수평선〕 and a *line of sight*〔시선〕 above it.

－수평선(horizontal line) 상에서 올려다본 시선으로 이루어지는 각(angle).

참고 위의 그림(내려본각) 참조

angle of rotation, 회전각* The *angle of rotation*〔회전각〕, ∠ABC, is determined〔정해지다〕 by the preimage *A*, the *center of rotation*〔회전중심〕 *B*, and the *rotation image*〔회전상〕 *C*.

－∠ABC의 회전각(angle of rotation)은 회전 이전의 A와, 회전중심(center of rotation) B와, 회전하여 생긴 C에 의해 결정된다(determined).

참고 'angle of rotation'의 값은 두 lines of reflection이 교차할 때 생

기는 각의 크기의 두 배이다.

EX Find the rotation image of $\overline{XY}$ over intersecting lines l and m, which form a 40° angle, by using the angle of rotation.(40도 각도로 교차하는 두 직선 l과 m을 중심으로 한 선분 XY의 회전상을 구하라.)

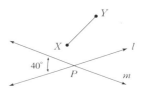

Solution
Since the angle formed by lines l and m measures 40°, the angle of rotation measures 2(40°) or 80°.
Draw $\angle XPR$ so that its measure is 80 and $\overline{XP} \cong \overline{PR}$.
Draw $\angle YPQ$ so that its measure is 80 and $\overline{YP} \cong \overline{PQ}$.
Connect R and Q to form the rotation image of $\overline{XY}$.

Angle Sum Theorem, 각의 합 정리* The sum〔합〕 of the measures〔값〕 of the angles〔각〕 of a triangle〔삼각형〕 is 180.
- 삼각형의 세 각의 합(sum)은 180도이다.

antecedent, 전항* The first term〔항〕 of a ratio〔비율〕.
- $a:b$ 에서, a를 이 비의 전항(antecedent)이라 한다.

EX 3:5 에서 3이 전항(antecedent)이다.

apothem, 변심거리* A segment〔선분〕 that is drawn from the center of a *regular polygon*〔정다각형〕 perpendicular〔수직〕 to a side of the polygon〔다각형〕.
- 정다각형(regular polygon)의 중심에서 한 변까지의 수직거리.

EX 아래의 regular hexagon(정육각형) *ABCDEF*에서 선분 *PT*가 apothem(변심거리)이다.

approximate, 약(≈), 대강*** Not exact〔정확한〕.

- 정확하지 않은, 대충의

참고 approximate value를 근사값이라 한다.

arc, 호** An unbroken part of a circle〔원〕.

- 원둘레(circumference)의 끊어지지 않은 한 부분.

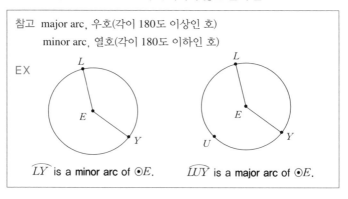

Arc Addition Postulate, 호의 덧셈정리* The measure〔값〕 of an arc〔호〕 formed by two adjacent〔붙어 있는〕 arcs is the sum〔합〕 of the meausres of the two arcs. That is, if Q is a point on $\widehat{PR}$, then $m\widehat{PQ}+m\widehat{QR}=m\widehat{PQR}$.

- 바로 옆에 붙어 있는(adjacent) 두 호(arc)로 만들어지는 호의 크기는 그 두 호의 크기의 합이다.

> 참고 위의 adjacent arcs를 참고할 것.

arc length, 호의 길이* The linear distance〔거리〕 representing the arc〔호〕. The length of the arc is a part of the circumference〔원주〕 proportional〔비례하는〕 to the measure 〔값〕 of the *central angle*〔중심각〕 when compared to the entire circle.

- 호(arc)의 길이는 원주(circumference)의 일부로 중심각(central angle)에 비례한다.

> EX In $\odot P$, $PR=12$ and $m\angle QPR=120$. Find the length of $\widehat{QR}$.
> (P를 중점으로 하는 이 원에서 호 QR의 길이를 구하라.)
>
> *Solution*
> First, find what part of the circle is represented by $\angle QPR$.
> $\frac{120}{360} = \frac{1}{3}$ (이 호가 원의 얼마를 차지하는지 알아본다.)
> The angle is $\frac{1}{3}$ of the circle, so the length of $\widehat{QR}$ is $\frac{1}{3}$ of the circumference of $\odot P$. (이 호의 각은 원의 $\frac{1}{3}$이므로 호의 길이도 원주의 $\frac{1}{3}$이다.)
> length of $\widehat{QR} = \frac{1}{3}(2\pi r)$
> $= \frac{1}{3}(2\pi)(12)$
> $= 8\pi$ or about 25.12 units
>
>
>
> *Answer*.

arc measure, 호의 값* The degree measure of a *minor arc* 〔열호〕 is the degree measure of its *central angle* 〔중심각〕. The degree measure of a *major arc* 〔우호〕 is 360 minus the degree measure of its central angle. The degree measure of a semicircle 〔반원〕 is 180.

- 열호(minor arc)의 값은 중심각(central angle)의 값이고 우호(major arc)의 값은 360에서 중심각을 뺀 값이다. 반원(semicircle)의 값은 180이다.

arc of a chord, 현의 호* A *minor arc* 〔열호〕 that has the same endpoints 〔끝점〕 as a chord 〔현〕 is called an arc 〔호〕 of the chord.

- 현(chord)과 같은 끝점을 가지고 있는 열호(minor arc)를 그 현의 호라 한다.

area, 넓이, 면적*** The number of square units contained 〔포함되어 있는〕 in the interior 〔내부〕 of a figure 〔도형〕.

- 어느 지역 또는 도형의 넓이(area).

> 참고 삼각형(triangle), 직사각형(rectangle), 평행사변형(parallelogram), 사다리꼴(trapezoid) 등의 넓이(area)를 구하는 공식(formula)이 따로 있음.
>
> EX The length of a rectangle is 4 *cm* more than twice its width. Its area is 160 cm^2. Find the dimensions(면적) of the rectangle(직사각형).
> (한 직사각형의 세로(length)의 길이는 가로(width)의 두 배보다 4cm 길고 그 면적(area)은 160cm^2이다. 이 직사각형의 가로, 세로

의 길이를 구하라.)

Solution

1) Let l the length of the rectangle and let w its width.
   (l을 직사각형의 세로라 하고 w를 가로라 하자.)
2) Make equations(방정식).
   $l = 2w + 4$
   $160 = w(2w + 4)$
3) Simplify the equation.(방정식을 푼다)
   $160 = 2w^2 + 4w$
   $2w^2 + 4w - 160 = 0$
   $w^2 + 2w - 80 = 0$
   $(w-8)(w+10) = 0$, $w = 8$ or -10
   -10은 길이가 될 수 없으므로 $w = 8$
4) $l = 2w + 4$에 $w = 8$을 대입(substitute)하여 푼다.
   $l = 16 + 4 = 20$
5) Check the answer.(검산한다)
   ∴ The dimensions(가로와 세로) of the rectangle is 8×20.

Answer.

Area Probability Postulate* If a point in a region A is chosen *at random* [임의로], then the probability [확률] that the point is in region B, which is in the interior [내부] of region A, is $\dfrac{\text{area of region } B}{\text{area of region } A}$.

- A라는 면적의 한 점을 임의로 뽑았을 때, 그 점이 A의 내부에 있는 면적 B에 속해 있을 확률(probability)

arithmetic, 산수* The study of algebra [대수] using numbers or Variables [문자].

－수(number), 또는 문자(variable)를 써서 계산(대수, algebra)하는 학문.

(arithmetic) mean, 산술평균*** The sum of a set of numbers divided by the number of numbers. Also called the average〔평균〕.

－n개의 수가 모인 것의 평균(평균값) 또는 n개의 수의 합(sum)을 n(개수)으로 나누어 구한 값.

> EX The number of students in 5 classes of the freshman class in a high school are 40, 54, 47, 42, and 37. What is the mean of the number of students in each class?
> (한 고등학교 9학년 다섯 반의 학생 수는 40, 54, 47, 42, 37이다. 이 학생 수들의 산술평균(mean)을 구하라.)
> *Solution*
> $M(\text{mean}) = \dfrac{40+54+47+42+37}{5} = \dfrac{220}{5} = 44$
> *Answer.*

arrow notation, 벡터* A notation used in defining a function as $f : x \to 7x+1$.

－크기와 방향을 갖는 양, 즉 벡터를 가리켜 화살(arrow)이라고 할 때가 있다. 또, 지름(diameter)이 1인 원의 활꼴(segment or crescent)에 있어서 현(chord)의 중심과 호(arc)의 중점과의 거리를 화살이라 한다.

ASA Postulate(Angle-Side-Angle) ASA 합동** If two angles〔각〕 and the *included side*〔끼인변〕 of one triangle

〔삼각형〕 are congruent〔합동〕 to two angles and the included side of another triangle, the triangles are congruent.

– 두 각과 끼인변의 크기가 같은 두 삼각형은 합동이다.

ascending order of power, 오름차순* The way the terms〔항〕 of a polynomial〔다항식〕 is arranged from the lowest〔가장 낮은〕 power〔차수〕 to the highest〔가장 높은〕 power.

– 다항식(polynomial)에서 일정한 문자(variable)에 대해 최저차(lowest)인 항(term)으로부터 차례로 차수(power)가 높아지도록 정리해 놓은 것.

> EX Arrange(정리하라) in *ascending powers*(오름차순) of x : $4x^6 - 7x - 5x^3 + x^2$
>
> *Solution*
> 1. Write the given(주어진) expression(식).
> $4x^6 - 7x - 5x^3 + x^2$.
> 2. Commute(교환한다) terms(항) so that the exponents(지수) of x increase(커지도록) : (지수가 낮은 항에서 높은 항의 순서로 정돈한다.)
>   1, 2, 3, 6 ($x = x^1$)
> $-7x + x^2 - 5x^3 + 4x^6$ *Answer.*

associative properties(axioms), 결합법칙*** For all real numbers a, b, c :
Addition〔덧셈의 결합법칙〕: $(a+b)+c = a+(b+c)$
Multiplication〔곱셈의 결합법칙〕: $(ab)c = a(bc)$

– 세 항(term)을 더하거나 곱할 때 어느 두 항을 먼저 더하거나 곱

해도 결과는 같다는 법칙.

EX 1. Simplify $5+8a+4$.　　2. Simplify $7\times 25\times 31\times 4$.
　　Solution
　　$5+8a+4=8a+5+4$　　$7\times 25\times 31\times 4=(7\times 31)(25\times 4)$
　　　　　　$=8a+9$　　　　　　　　　　　　$=217\times 100$
　　　　　　　　　　　　　　　　　　　　　　$=21700$

---

auxilliary line, 보조선* A line or line segment added to a given figure to help in proving a result.

-증명(proof)를 하기 위해, 주어진 도형에다 그리는 선.

average, 평균*** The average〔평균〕 of n numbers is the sum〔합〕 of the numbers divided〔나눈 것〕 by n.

-n개의 수의 합(sum)을 n으로 나눈 것.

참고 arithmetic mean(산술평균) 구하는 요령과 동일.

---

axes, 좌표축*** The two perpendicular〔수직의〕 *number lines*〔수(數)직선〕 that are used to locate points〔점〕 on a *coordinate plane*〔좌표평면〕.

-좌표평면에서 어느 점의 위치(location)를 나타내는 데 사용되는 x축(x-axis)과 y축(y-axis).

참고 axes는 axis의 복수형(plural form)이다.

---

axioms, 원리, 공리** Statements〔사항들〕 that are assumed *to*

be true〔사실로 여겨지는〕. Also called postulates〔공리〕.

- 처음부터 사실로 가정(assumed)되어 있는 사항들(statements).

> 참고 아래 나오는 axioms들을 볼 것.
> 보통 기하(geometry)에서는 직선(line), 평면(plane)의 기본적 성질, 평행선(parallel lines)의 기본적인 성질 등을 공리(axiom)로 삼는다.

axiom of comparison, 비교의 원리** For all real numbers a and b, one and only one of the following statements is true $a<b$, $a=b$, $b<a$.

- 두 개의 수(real numbers)는 같든지 하나가 크다.

axiom of opposites, 반수(反數)의 원리** For every real number a, there is a unique〔하나뿐인〕 real number $-a$ such that $a+(-a)=0$ and $(-a)+a=0$.

- 모든 수의 덧셈에 대한 역원(additive inverse)은 오직 하나뿐이다.

> 참고 3의 덧셈에 대한 역원(opposite, additive inverse)은 -3 하나뿐이다.

axiom of reciprocals, 역수의 원리* For every nonzero real number a, there is a real number $\frac{1}{a}$ such that $a \cdot \frac{1}{a} = 1$ and $\frac{1}{a} \cdot a = 1$.

- 0이 아닌 모든 수는 곱해서 1이 되는 역수(reciprocal)를 가지고 있다.

> EX 3의 역수(reciprocal)는, 곱해서 1이 되는 $\frac{1}{3}$ 하나뿐이다.

axioms of closure, 종결의 원리* For all real numbers a and b:

Addition〔덧셈〕: $a+b$ is a unique *real number*〔실수〕.
Multiplication〔곱셈〕: ab is a unique real number.

- 모든 실수(real number)의 합(sum)도 실수이고, 곱(product)도 실수이다.

axis of symmetry (of a parabola), 선대칭 축** If the graph of a parabola〔포물선〕 is folded〔접히다〕 so that its two halves〔그래프의 반쪽〕 coincide〔겹치다〕, the line on which the fold occurs is the *axis of symmetry*〔선대칭 축〕.

- 포물선(parabola)의 그래프가 한 선을 중심으로 양쪽이 대칭(symmetry)될 때, 그 중심선을 일컫는 말.

> 참고 $y=ax^2+bx+c(a\neq 0)$ 인 그래프의 선대칭 축(axis of symmetry)을 구하는 공식(formula)은, $x=-\frac{b}{2a}$ 이다.

back-to-back stem-and-leaf plot** A way of comparing
[비교] two sets of data[자료]. The same stem[줄기] is used
for the leaves[잎] of both plots.

−두 자료(data)를 비교(compare)하기 위하여 사용하는 방법.

EX　Junghoon and Seunghee wanted to compare boys' and girls' heights. They measured the height (in inches) of every student in their class. The data they collected and stem-and-leaf plot they made are shown below. Make a stem-and-leaf plot of the data.(정훈과 승희는 남자아이들과 여자아이들의 키를 비교하려고 반에 있는 모든 학생들의 키를 인치로 재었다. 이 자료를 stem-and-leaf 식을 사용하여 정리하라.)

Boys' Heights(in.)		Girls' Heights(in.)	
67	60	73	64
63	70	56	60
69	72	61	63
70	66	65	62
74	71	59	62
59	58	61	71

Solution

1. First, make a vertical(상하의) list of the stems. Since the data range from 56 to 74, the stems range(범위) from 5 to 7.
   (먼저, stem 리스트를 만든다. 숫자가 57부터 74까지 있으므로 stem은 5, 6, 7이 된다.)

Boys	Stem	Girls
	7	
	6	
	5	

2. Then, plot each number by placing the units digit(leaf) to the left and the right of its correct stem.(각 stem에 맞는 leaf를 옆에 놓는다.)

Boys	Stem	Girls
4 2 1 0 0	7	1 3
9 7 6 3 0	6	0 1 1 2 2 3 4 5
9 8	5	6 9

bar graph, 막대그래프** A graph showing data〔자료〕 using lines〔선〕.

– 어떤 $f(x)$의 변화 상태나, 분포 상태를 설명하기 위하여 $x=1, 2, 3$, ……에 대한 $f(x)$의 값을 길이로 나타낸 그래프(line graph라고도 함).

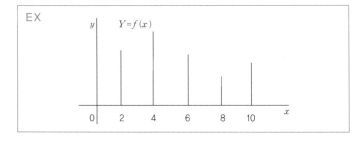

base, 밑변*** 1. In an *isosceles triangle* [이등변삼각형], the side opposite the *vertex angle* [꼭지각] is called the base [밑변].

- 이등변삼각형(isosceles triangle)의 경우 : 꼭지각(vertex angle)을 마주 보는 변.

2. In a trapezoid [사다리꼴], the parallel sides are called bases.

- 사다리꼴(trapezoid)의 경우 : 평행한 두 변.

3. Any side of a parallelogram [평행사변형] can be called a base.

- 평행사변형(parallelogram)의 경우: 모든 변.

4. In a prism [각기둥], the bases are the two faces formed by congruent [합동인] polygons [다각형] that lie in parallel, all of the other faces being parallelograms [평행사변형].

- 각기둥(prism)의 경우 : 평행하게 놓여 있는 합동인 다각형들(polygons)로 만들어지는 두 변.

5. In a cylinder [원기둥], the bases are the two congruent [합동인] and parallel [평행한] circular regions that form the ends of the cylinder.

- 원기둥(cylinder)의 경우: 양 끝의 원으로 된 부분.

6. In a pyramid [각뿔], the base is the face that does not intersect [교차하다] the other faces at the vertex [꼭지점]. The base is a polygonal region.

- 각뿔(pyramid)의 경우: 꼭지점과 만나지 않는 다각형 부분.

7. In a cone [원뿔], the base is the flat, circular portion of the cone.

- 원뿔(cone)의 경우 : 원으로 된 부분.

B

base (of a power), 밑*** In b^n, b is the base〔밑〕.

$-y=a^x$에서 a를 가리키는 말.

> EX y^3에서 y가 밑(base)이다.

base angles of an isosceles triangle, 이등변삼각형의 밑각**

Either angle formed by the base and one of the legs in an *isosceles triangle*〔이등변삼각형〕.

- 이등변삼각형(isosceles triangle)에서 밑변(base)과 다른 한 변으로 이루어지는 각.

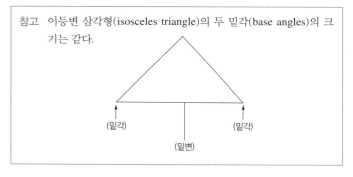

참고 이등변 삼각형(isosceles triangle)의 두 밑각(base angles)의 크기는 같다.

(밑각) (밑각)
(밑변)

base of an isosceles triangle, 이등변삼각형의 밑변(base)**

The side〔선〕 of an *isosceles triangle*〔이등변삼각형〕 that is different in length with the other two sides.

- 이등변삼각형(isosceles triangle)에서 길이가 같은 두 변이 아닌 변.

> EX 위의 그림을 볼 것.

Basic(Beginners Algebraic Symbol Interpreter Compiler)* A

programming language.

- 컴퓨터 프로그래밍에 사용되는 컴퓨터 언어의 한 종류.

best-fit line, 최적(最適)선* A line drawn on a scatter plot that passes close to most of the data(자료) points.

- 어떤 자료(data)를 분산된 점들로 나타내는 그래프에서 그 점들을 가장 가까이 지나가는 선.

> EX The table shows the relationship between dog years and human years.(개들은 사람과 다르게 나이를 먹는다. 아래 표는 개의 나이와 사람의 나이를 비교해 놓은 것이다.)
>
> | dog years | 1 | 2 | 3 | 4 | 5 | 6 | 7 |
> |---|---|---|---|---|---|---|---|
> | human years | 15 | 24 | 28 | 32 | 37 | 42 | 47 |
>
> (Source: National Geographic world, Jan. 1995)
>
> 1) Draw a scatter plot and a *best-fit line*(최적선) for the scatter plot.(자료들을 scatter plot으로 나타내고 최적선을 그려라.)
>
> *Solution*
> Let d=dog years and let h=human years.
> Draw the scatter plot and draw a line that passes the most data(best-fit line).
>
>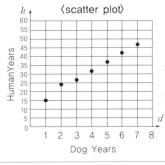
>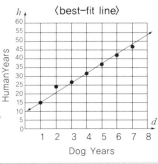

2) Find an equation(방정식) for the *best-fit line*(최적선).
(그 최적선의 식을 구하라.)

Solution

The best-fit line passes through three of the data points: $(4, 32)$, $(5, 37)$, and $(6, 42)$. Use two of these points to write the equation of the line.

(best-fit line이 지나가는 세 점 중 두 점을 이용하여 방정식을 만든다.)

First, find the slope(기울기).

$$\frac{y_2-y_1}{x_2-x_1} = \frac{37-32}{5-4} = 5$$

Then, use the point-slope form.

$h - y_1 = m(d - x_1)$ $(4, 32)$를 (x_1, y_1)에 대입
$h - 32 = 5(d - 4)$
$h - 32 = 5d - 20$
$5d - h = -12$ *Answer.*

3) Use the equation to determine how many human years are comparable to 13 dog years. (그 식을 이용하여 개가 13살이면 인간의 몇 살에 해당하는지를 구하라.)

Solution

Let $d(\text{dog}) = 13$ and solve for $h(\text{human})$.
$5d - h = -12$
$5(13) - h = -12$
$h = 77$ *Answer.*

between, 사이*** "x is between a and b" means "$a < x < b$".

- 부등식에서 한 수가 다른 한 수보다는 크고, 또 다른 한 수보다는 작다는 표현.

between and inclusive, 같거나 크다, 같거나 작다** "x is between a and b, inclusive [포함되는]" means "$a \leq x \leq b$".

- 부등식(inequality)에서 한 수가 다른 한 수와 같거나 크든지, 같거나 작다는 표현.

biconditional, 쌍조건문** A *compound statement* [합성명제] that says one sentence is true if and only if the other statement is true.

- 두 명제(statement) p, q에서, "p인 것은, q일 때 및 그때에만 한한다."라는 합성명제(compound statement). $p \leftrightarrow q$라 쓴다.

> 참고 쌍조건문에서는 p가 참이면 q도 참이고, p가 거짓이면 q도 거짓이 된다.
>
> | p | q | $p \leftrightarrow q$ |
> |---|---|---|
> | T | T | T |
> | T | F | F |
> | F | T | F |
> | F | F | T |
>
> 쌍조건문의 진리표(Truth Table)

binomial, 이항식** A polynomial [다항식] of two terms [항].

- 두 항으로 이루어진 식.

EX $a+b$, $x+1$

boundary(of half-plane), 경계선** A boundary of an inequality [부등식] is a line that separates the *coordinate* *plane*〔좌표평면〕 into half-planes〔반평면〕.

- 좌표평면(coordinate plane)을 위, 아래 두 개의 반평면(half-plane)으로 나누는 선.

> 참고 부등식(inequality)의 그래프는 빗금을 쳐서 나타내며, 경계선이 부등식의 일부일 때는 이어진 선(solid line)으로, 포함되지 않을 때는 점선(dotted line)으로 나타냄.

EX Draw the graph of $2x+3y \geq 6$.

Solution

1) Transform(바꾸라) the given inequality(부등식) to have y on the left-hand side by itself.(y가 왼쪽으로 오도록 부등식을 정리한다.)

$3y \geq -2x + 6$

$y \geq -\dfrac{2}{3}x + 2$

2) Plot the graph as described above.(위의 식을 따라 그래프를 그린다.)

3) Since the inequality is 'greater than' or 'equal to', the region is above the boundary line and the boundary line is solid. (이 부등식은 같거나 크므로 범위(region)는 경계선(boundary)의 위이고 경계선(boundary)은 이어진 선(solid line)으로 그린다.)

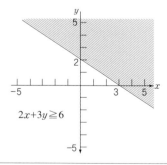

box-and-whisker plot* A type of diagram〔그림〕 or graph that shows quartiles〔사분편차〕 and *extreme values*〔극대값과 극소값〕 of data〔자료〕.

- 사분위(quartiles)와 극대값/극소값(extreme values) 등을 써서 자료를 그림(diagram)이나 그래프로 표시한 것.

EX Make a box-and whisker plot of the numbers of gold medals won by each of the nations: USSR−45, USA−37, Germany−33, China−16, Cuba−14, Hungary−11, South Korea−12, France−8, Australia−7, Spain−13, Japan−3, Britain−5, Italy−6, Poland−3, Canada−6, Romania−4.(Source : The World Almanac, 1995)
(각 나라의 금메달 수를 box-and-whisker plot으로 나타내라.)

Solution
Step 1. Arrange(정렬하다) the data(자료) in *numerical order*(수가 큰 순서).
(자료를 작은 수에서 큰 수의 순서로 정렬한다.)
3 3 4 5 6 6 7 8 11 12 12 14 16 33 37 45

Step 2. Compute(계산하다) the median(중앙값) and quartiles(사분편차), and identify *extreme values*(극대값과 극소값).

median(Q_2) = $\dfrac{8+11}{2}$ or 9.5

(값이 16개가 있으므로 8번째와 9번째 값의 평균(average)이 중앙값(median))

lower quartile(Q_1)은 왼쪽에 있는 자료들의 중앙값(median)이므로
$$Q_1 = \dfrac{5+6}{2} \text{ or } 5.5$$

upper quartile(Q_3)은 오른쪽에 있는 자료들의 중앙값 (median)이므로

$$Q_3 = \frac{14+16}{2} \text{ or } 15$$

extreme value 중 the least value(극소값, LV)는 3, the greatest value(극대값, GV)는 45이다.

Step 3. Draw a *number line*(수직선) and *assign a scale*(눈금을 표시하다) to the number line *that includes the extreme values*(극대값과 극소값이 포함되도록). *Plot dots*(점을 찍는다) to represent the extreme values(LV and GV), the upper and lower quartile points(Q_3 and Q_1), and the median(Q_2).

(수직선을 그리고 극소값과 극대값이 포함되도록 눈금을 표시한 후 극소값, 극대값, 사분편차(quartile), 중앙값(median)을 점으로 표시한다.)

Step 4. Draw a box and whiskers as below.(박스와 위스커를 그린다.)

Step 5. Check if there are any outliers.(outlier가 있는지 검토한다.)

(outlier를 구하는 법은 이 책의 'O' 부분에 있는 outlier를 참조)

45, 37, 33은 outlier이므로 점으로 표현하고 오른쪽의 whisker는 16까지로 줄인다.

```
     LVQ₁ Q₂ Q₃                              GV
      •━┿━━┿━•                           •    •
   ┼┼┼┼┼┼┼┼┼┼┼┼┼┼┼┼┼┼┼┼┼┼┼┼┼┼┼┼┼┼┼┼┼┼┼┼┼┼┼┼┼┼┼┼┼┼┼
   0   5   10  15  20  25  30  35  40  45  50
```

braces, 중괄호* One of the symbols〔부호〕of inclusion〔포함〕or grouping〔묶음〕.

– 수 또는 식을 묶어 주는 부호 중 하나.

> 참고 { }로 표시.

brackets, 대괄호* One of the symbols〔부호〕of inclusion〔포함〕or grouping〔묶음〕.

– 수 또는 식을 묶어 주는 부호 중 하나.

> 참고 〔 〕로 표시
> 중괄호는 { }(brace), 소괄호는 ( )(parenthesis)라고 한다.
> 괄호가 있는 식의 계산은 괄호 안에서부터 먼저 하고, 2중 이상의 괄호가 있는 것은 내부에 있는 괄호부터 먼저 계산한다.
>
> EX $10 - [8+\{6-(7-4)\}-2]$
> $=10 - [8+\{6-3\}-2]$
> $=10 - [8+3-2] = 10-9 = 1$

broken line graph, 꺾은선그래프* A graph showing the relationship〔상관관계〕among a set of data using dots〔점〕

and connecting〔이어 주는〕 lines〔선들〕.

- 일정한 양의 다른 양에 대한 상관관계(relation)를 나타내 주는 그림의 일종이다.

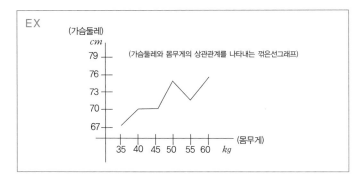

C

calculator, 계산기*** A small machine that can add, multiply, etc.

− 여러 가지 계산을 할 수 있는 도구.

cancel a fraction, 약분** To divide the numerator〔분자〕 and denominator〔분모〕 by the same *common factor*〔공약수〕.

− 분모(denominator)와 분자(numerator)를 같은 공약수(common factor)로 나누어 간단히 하는 것.

> EX Simplify〔간단히 하라〕: $\frac{15x}{25x}$.
>
> *Solution*
>
> 1. Cancel 5 for the coefficients(계수).
>   (계수를 공약수 5로 나눈다.)
> $$\frac{15x}{25x} = \frac{3x}{5x}$$
> 2. Subtract(빼준다) exponents(지수) for the powers(차수).
>   ($x = x^1$이므로 $1-1=0$, $x^0=1$)
> $$\frac{3x}{5x} = \frac{3}{5}$$ *Answer*.

Cavalieri's Principle, 카발리에리의 정리* If two solids〔입체

도형) have the same height〔높이〕 and the *same cross-sectional*〔밑면에서 같은 거리에 있는 평면의〕 area〔면적〕 at every level, then they have the same volume〔부피〕.

– 두 입체의 높이가 같고, 밑변의 넓이와 대응하는 밑변에서 같은 거리에 있는 평면으로 자른 면의 넓이(area)가 같으면, 두 입체의 부피(volume)는 같다는 것.

> 참고 17세기 이탈리아 수학자인 Cavalieri라는 사람이 관찰한 원칙으로, 이에 의해 원기둥(cylinder), 원뿔(cone), 각뿔(pyramid)의 경우 직각(right)이든 비스듬하든(oblique) 부피(volume)를 구하는 공식 $V = \frac{1}{3}Bh$이 성립된다.

celsius temperature scale, 섭씨온도계* A temperature scale that was established by a Swedish astronomer〔천문학자〕 Celsius Andres and is expressed by °C.

– 스웨덴의 천문학자 Celsius Andres가 정한 것으로 °C로 표시한다.

> 참고 섭씨와 화씨(F) 사이에는 $C = \frac{5}{9}(F-32)$라는 식이 성립된다.

center of a circle, 중점* A point from which all given points in a plane〔평면〕 are equidistant〔같은 거리의〕.

– 원주(circumference)의 모든 점에서 같은 거리에 있는 점.

center of a regular polygon, 정다각형의 중점* The common center of the inscribed〔내접하는〕 and circumscribed〔외접하는〕 circles〔원〕 of the *regular polygon*〔정다각형〕.

– 정다각형을 내접(inscribed)하거나 외접(circumscribed)하는 원의 중심이 그 정다각형의 중심이다.

center of a sphere, 구(球)의 중점* The point from which a set of all points in space are a given distance [거리].

– 구(sphere)의 모든 점에서 같은 거리에 있는 점.

center of dilation, 확장중심* A fixed point used for measurement when altering [바꾸다] the size of a *geometric figure* [기하도형] without changing its shape [형태].

– 한 도형의 형태는 바꾸지 않고 크기만 바꿀 때 그 중심이 되는 점.

EX 아래 그림에서 C가 center of dilation이다.

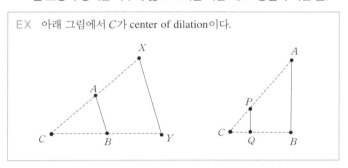

center of rotation, 회전중심* A fixed point around which shapes move in a *circular motion* [원형으로] to a new position.

– 한 도형을 회전할 때 그 중심이 되는 점.

central angle, 중심각** 1. For a given circle, an angle [각] that intersects [교차하다] the circle [원] in two points and has its vertex [꼭지점] at the center of the circle.

– 꼭지점(vertex)과 원주(circumference) 위의 두 점으로 이루어진 각.

2. An angle〔각〕 formed by two segments〔선분〕 drawn to consecutive〔붙어 있는〕 vertices〔꼭지점들〕 of a *regular polygon*〔정다각형〕 from its center.

– 정다각형(regular polygon)의 중심(center)과 두 꼭지점(vertices)을 잇는 선분으로 이루어진 각.

> 참고1 오른쪽 정8각형(regular octagon) *ABCDEFGH*의 중심각(central angle)은 같다.
> 그러므로 각 중심각의 크기는 $\frac{360°}{8} = 45°$ 이다.
>
>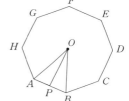
>
> 참고2 The sum(합) of the measures of the *central angles*(중심각) of a circle(원) with no interior points in common(공통) is 360.
> (공통점이 없는 원의 중심각들의 합은 360°이다.)

chart, 표, 차트*** A sheet presenting information in the form of graphs or tables〔표〕.

– 어느 자료를 그래프나 표로 나타낸 것.

chord, 현(弦)** 1. For a given circle, a segment〔선분〕 whose endpoints〔끝점〕 are points on the circle〔원〕.

– 원주 위의 두 점을 이은 선분.

2. For a given sphere〔구〕, a segment〔선분〕 whose endpoints〔끝점〕 are on the sphere.

– 구 위의 두 점을 이은 선분.

EX 오른쪽 그림에서 선분 RF와 KL은 ⊙P의 chord(현)이다.

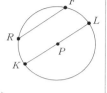

참고 Theorems about chord : 현에 관한 정리들
1) In a circle(원), if a diameter(지름) is perpendicular(수직) to a chord(현), then it bisects(이등분하다) the chord and its arc(호).
(원의 지름이 한 현에 수직일 때, 그 지름은 그 현과 호를 이등분한다.)
2) If a circle(원) or in congruent(합동인) circles, two chords(현) are congruent if and only if they are equidistant(같은 거리의) from the center(중점).
(중점으로부터 같은 거리에 있는 두 현은 합동이다.)
3) If two chords(현) intersect(만나다) in a circle(원), then the products(곱) of the measures of the segments of the chords are equal.
(두 현이 원에서 교차할 때, 그 현에 의해 만들어지는 선분의 곱은 같다.)

circle, 원*** A set of points that consist[이루어진] of all points in a plane that are a given distance from a given point in the plane, called the center[중심].

−중심(center) O로부터 같은 거리(distance)에 있는 점의 자취.

참고 원둘레를 circumference, 지름을 diameter(d), 반지름을 radius (r)이라 한다. ($d = 2r$)
Area of a circle $A = \pi r^2$
Equation(식) of a circle(원) with center at (h, k) and a radius(반지름) of r units is $(x-h)^2 + (y-k)^2 = r^2$

EX What is the equation(식) for a circle(원) that has the center C

(−2, 5) and a diameter(지름) of 8 units.
(지름이 8이고 중심의 좌표가 (−2, 5)인 원의 방정식을 구하라.)

Solution
Since the diameter(지름) is 8, the radius(반지름) is 4.
The equation for the circle is,
$(x-(-2))^2+(y-5)^2 = 4^2$
$(x+2)^2+(y-5)^2 = 16$ *Answer.*

circle graph, 원그래프*   A graph showing data using a circle and a set of sectors [부채꼴].

- 하나의 원(circle)을 중심각에서 분할할 때 생기는 부채꼴(sector)의 넓이로 크기, 전체(whole)와 부분(part)과의 비율(ratio), 부분끼리의 비율을 보는 그래프.

참고 원그래프에서는 1%가 중심각 3.6인 부채꼴(sector)이 된다. 크기 순으로 바로 위로부터 오른쪽 회전 방향으로 그리는 것이 보통이다.

circumference, 원주***   The perimeter [둘레] of a circle [원].

- 원의 둘레.

참고 원주의 길이(length)를 구하는 공식은 $C = 2\pi r$ or πd

EX   Find the circumference(원주) of the circle at the right.

Solution
To find the diameter(지름), use the Pythagorean Theorem.

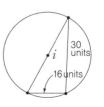

> Let the diameter, d
> $30^2 + 16^2 = d^2$
> $ 1156 = d^2$
> $ d = 34$ units
> Therefore $C = 34\pi$ units. *Answer.*

circumscribed circle, 외접원**   A circle〔원〕 about which a polygon〔다각형〕 is circumscribed〔외접하다〕 if each side of the polygon is tangent to the circle.

―다각형(polygon)의 모든 꼭지점이 원 위에 있을 때 그 원을 외접원(circumscribed circle)이라 한다.

> 참고 이때, 이 다각형을 내접다각형(inscribed polygon)이라 한다.
>
> EX 아래 그림에서 원 O가 육각형 $ABCDEF$의 외접원이다.

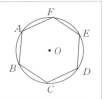

circumscribed polygon, 외접다각형**   A polygon〔다각형〕 is circumscribed〔외접하다〕 about a circle if each side of the polygon is tangent to the circle.

―다각형의 각 변이 원에 대하여 탄젠트의 관계이면 그 다각형은 원에 외접한다.

> 참고 이때, 이 원을 내접원(inscribed circle)이라 한다.
>
> EX 오른쪽 그림에서 오각형 $ABCDE$가 원 O의 외접다각형이다.

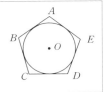

coefficient, 계수*** In a monomial〔단항식〕 such as $-8x^2y$, the number -8 is called the coefficient〔계수〕, or *numerical coefficient*〔수계수〕.

- 단항식에서 문자 앞의 숫자.

EX $8xy$에서 8이 계수(coefficient)이다.

collinear points, 동일 선 상의 점들** Points that lie on the same line.

- 동일 선 상에 있는 점들.

EX Determine whether $K(-8, 12)$, $E(4, -6)$, and $B(6, -9)$ are collinear.(세 점이 동일 선 상에 있는지 알아보라.)

Solution

1. Find the equation of line KE.
   (두 점을 잇는 직선의 방정식을 구한다.)

   First, find the slope(기울기).

   $$\text{slope} = \frac{y_2-y_1}{x_2-x_1} = \frac{12-(-6)}{-8-4}$$

   $$= \frac{18}{-12} \text{ or } -\frac{3}{2}$$

   $$y-y_1 = m(x-x_1)$$

   $$y-12 = -\frac{3}{2}(x-(-8))$$

   $$y-12 = -\frac{3}{2}x-12$$

   $$y = -\frac{3}{2}x$$

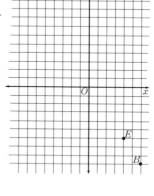

2. Substitute $(6, -9)$ in the equation to see if the third point is

> on the same line.
> (세 번째 점의 좌표를 식에 대입하여 그 점이 같은 선 상에 있는지 알아본다.)
> $-9 = -\frac{3}{2}(6)$
> $B(6, -9)$ satisfies the equation, so the points are all collinear.
> (점 B가 이 직선의 방정식을 만족시키므로, 세 점은 모두 같은 선 상에 있다.)
>
> *Answer.*

column matrix, 열 행렬* A matrix〔행렬〕 that has only one column

- 칼럼이 하나인 행렬.

Combination, 조합* An arrangement〔정렬〕 of objects in which order〔순서〕 is not important

- 서로 다른 n개에서 r개를 택하여 순서를 고려하지 않고 일렬로 나열하는 방법으로 $_nC_r$ 혹은 C(n, r)로 표시 한다.

> 참고 $C(n, r) = n!/(n-r)!r!$

> EX There are 5 students in a group working together for a class project. They need to choose two people to present their project to the class. How many ways can they choose two people?
> 5명의 학생이 한 그룹이 되어 프로젝트를 하였다. 이중 두 명이 프로젝트를 급우들에게 발표해야 하는데 두 명을 선택하는데 몇 가지 방법이 있나?
>
> *Solution*

> Since the order(조합) is not important, you must find the number of combinations(조합) of 5 students taken 2 at a time.
> $C(n, r) = n!/(n-r)!r!$
> $C(5, 2) = 5!/(5-2)! \, 2!$
> $\qquad = 5! / 3! \, 2!$
> $\qquad = 5 \cdot 4 \cdot 3 \cdot 2 \cdot 1 / 3 \cdot 2 \cdot 1 \cdot 2 \cdot 1$
> $\qquad = 5 \cdot 4 / 2 \cdot 1$
> $\qquad = 20 / 2 \text{ or } 10$
> The students can be chosen in 10 ways. *Answer.*

common external tangent, 공통외접선* A common tangent that does not intersect〔교차하다〕 the segment〔선분〕 whose endpoints〔끝점〕 are the centers of the two circles.

- 두 원의 중점으로 이루어진 선분과 교차하지 않는 두 선.

> EX 다음 그림에서 두 선 l 과 m 은 $\odot P$ 과 $\odot Q$ 의 common external tangent이다.

common factor, 공약수** A factor〔약수〕 that is in each term〔항〕 of an expression〔식〕 of two or more integers〔정수〕.

- 둘 이상의 항에 공통인 약수(factor).

> EX $3x+2x$ 에서 x 가 common factor(공약수)
> 12, 20, 32의 공약수(common factor)는 1, 2, 4 세 개이다

common internal tangent, 공통내접선* A common tangent that intersects the segment whose endpoints are the centers of the two circles.

−두 원의 중점으로 이루어진 선분과 교차하는 두 선.

EX 오른쪽 그림에서 두 선 h과 j은 ⊙M과 ⊙N의 common internal tangent이다.

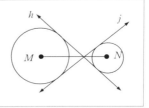

common multiple, 공배수* A common [공통] multiple [배수] of a and b is a number that equals (integer) xa and (integer) xb.

−두 개 이상의 수 또는 식을 공통으로 곱해 주는 수 또는 식.

EX $x(x+1)$, $(x+2)$의 공배수(common multiple)는 $x(x+1)(x+2)$, $x^2(x+1)(x+2)^2$ 등이다. 3과 4의 공배수(common multiple)는 12, 24, 36, ……등이다.

common tangent, 공통접선* A line that is tangent to two circles that are in the same plane [평면].

−같은 평면 상에 있는 두 원에 대하여 탄젠트인 두 직선.

참고 위의 common external tangent, common internal tangent를 볼 것.

commute, 바꾸다*   To interchange〔교환하다〕, or reverse〔거꾸로 하다〕 the positions〔위치〕 of two numbers.

- 두 수의 위치를 바꾸는 것.

commutative property, 교환법칙**   For all real numbers a and b :
Addition〔덧셈〕: $a+b=b+a$
Multiplication〔곱셈〕: $ab=ba$

- 덧셈(addition)이나 곱셈(multiplication)에서 순서를 바꾸어도 결과는 같다.

comparison property, 비교법칙*   For any two numbers a and b, exactly one of the following sentences is true. $a<b$, $a=b$, $a>b$

- 모든 두 수는 한 수가 다른 수보다 작든지, 크든지, 같든지, 셋 중 하나이다.

compass, 컴퍼스*   A device〔도구〕 used to draw circles.

- 원을 그릴 때 쓰는 기구.

complementary angles, 여각***   When two angles〔각〕 have 90 as the sum〔합〕 of their measures〔각도 수〕, each is the complement〔보각〕 of the other.

- 합이 90도인 두 각.

EX The measure of an angle is 34° greater than its complement (보각).

Find the measure of each angle.

Solution

Let x = the lesser measure. (x를 작은 각으로 하면)

Then $x+34$ = the greater measure. (큰 각은 $x+34$가 된다.)

$x+(x+34)=90$ (두 각은 보각(complement)이므로 그 합은 90도)

$2x+34=90$

$2x=56$

$x=28°$ (작은 각), $28°+34°=62°$ (큰 각)

Answer.

complete graph, 완전 그래프* A complete graph shows the origin [원점], the points at which the graph crosses the x- and y-axes [축], and other important characteristics [특성] of the graph.

- 원점, x절편(x-intercept), y절편(y-intercept), 기타 주요 사항들을 보여주는 그래프로서 그래픽 계산기(graphic calculator)를 사용하면 볼 수 있다.

complete network* In graph theory, a network that has at least one path between each pair of nodes.

- 그래프이론에서 맺힌점 사이의 연결선이 최소한 하나 이상 존재하는 네트워크.

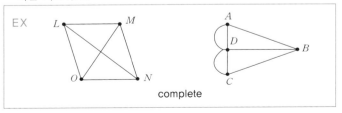

complete

completeness property, 완전성의 공리* Each *real number* 〔실수〕 corresponds〔일치하다〕 to exactly one point on the *number line*〔수직선〕. Each point on the number line corresponds to exactly one real number.

– 한 수는 수직선 상의 한 점과만 일치한다.

completeness property for points in the plane, 좌표평면에서의 완전성의 공리* 1. Exactly one point in the plane is named by a given *ordered pair*〔순서쌍〕 of numbers. 2. Exactly one ordered pair of numbers names〔가리키다, 이름 짓다〕 given point in the plane.

– 좌표평면(coordinate plane) 상의 한 점을 가리키는 순서쌍은 하나뿐이다.

completing the square, 완전제곱법** To add〔더하다〕 a *constant term*〔상수항〕 to a binomial〔이항식〕 of the form x^2+bx so that the resulting trinomial〔삼항식〕 is a *perfect square*〔완전제곱〕.

– 이항식(binomial)에 상수항(constant term)을 더하여 완전제곱(perfect square)으로 만들어 이차방정식(quadratic equation)을 푸는 방법.

EX Solve $x^2+8x-18=0$ by completing the square.
(완전제곱으로 만들어 방정식을 풀라.)

Solution

$x^2+8x-18=0$ ($x^2+8x-18$이 완전제곱(perfect square)이 될 수 없으므로)

$x^2+8x=18$ (18을 양변에 더해서 좌변을 이항식으로 만든다.)

$x^2+8x+16=18+16$ (좌변이 완전제곱이 되게 16을 양변에 더한다.)

$(x+4)^2=34$ (좌변을 인수분해 하여(factor) 완전제곱으로 만든다.)

$x+4=\pm\sqrt{34}$ (양변의 제곱근(square root)을 구한다.)

$x=-4\pm\sqrt{34}$ (양변에서 4를 빼준다.)

$x=-4+\sqrt{34}$ or $x=-4-\sqrt{34}$

The solution set is $\{-4+\sqrt{34}, -4-\sqrt{34}\}$.   *Answer.*

Check(검산) this result.

complex fraction, 번분수** A fraction〔분수〕 whose numerator〔분자〕 or denominator〔분모〕 contains one or more fractions.

- 분모(denominator)와 분자(numerator)가 하나 이상의 분수로 되어 있는 분수(fraction).

EX $\dfrac{\frac{3}{5}}{\frac{2}{7}}$

composite number, 합성수* A whole number, greater than 1, that is not prime〔소수〕.

- 소수(prime)가 아니고, 1보다 큰 수.

EX 4, 8, 9, 10, …… 등

composite of reflections, 이중 반사* Two successive reflections〔반사〕

─ 뒤집기를 계속 두 번 하는 것.

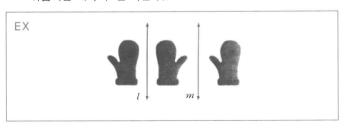

EX

compound event, 복(합)사건* A *compound event*〔복합 사건〕 consists〔이루어져 있다〕 of two or more *simple events*〔단순 사건들〕.

─ m개의 사건 E_1, E_2, ……E_m 이 함께 일어나는 사건 E를 E_1, E_2, ……E_m의 복사건(compound event)이라 하며, $E_1 \wedge E_2 \wedge$ ……$\wedge E_m$으로 나타낸다.

compound inequality, 복합부등식* Two inequalities〔부등식〕 connected〔연결되어 있다〕 by 'and' or 'or'.

─ 'and' 또는 'or'로 연결되어 있는 두 개의 부등식(inequality).

compound interest, 복리** Interest〔이자〕 computed〔계산된〕 on the accumulated〔축적된〕 unpaid interest as well as on the *original principal*〔원금〕.

─ 각 이입 기간의 끝에 이자(interest)가 원금(invested amount)에 더해져서 다시 이자(interest)를 낳는 것.

EX Find the final amount from an investment(투자) of $1500 invested at an *interest rate*(이자율) of 7.5% compounded(복리로) quarterly(1년에 4번) for 10 years.

(1,500불을 10년간 4분기별로 7.5%의 복리로 투자했을 경우 총액은 얼마가 되는지 구하라.)

Solution

A(총액)$=P$(원금)$(1+\frac{r}{n})nt$ (복리 투자 시 총액 계산 공식)

n = 1년간 이자 계산 횟수 (이 경우는 4번)

r = 이자율 (이 경우 7.5%, 즉 0.075)

t = 기간 수 (이 경우 10년)

$= 1500 (1+\frac{0.075}{4}) 4 \cdot 10$

$= 3153.523916$

The amount of the account is about $3153.52 *Answer*.

compound sentence, 합성명제* A sentence made by adding a few simple sentences.

− 몇 개의 단일명제를 합성해서 얻어진 명제.

EX Solve $|x-3|=5$ by writing them as a *compound sentence*(합성명제).

(합성명제(compound sentence)로 풀어 써서 식을 풀어라.)

Solution

Compound Sentence $|x-3|=5$ also means

$x-3=5$ or $-(x-3)=5$.

$x-3+3=5+3$ $x-3=-5$

$x=8$ $x-3+3=-5+3$

  $x=-2$

This verifies the solution set.(이 답이 해집합을 만족시킨다.)

Answer.

concave polygon, 오목다각형* A polygon〔다각형〕 for which there is a line containing a side of the polygon and a point in the interior〔내부〕 of the polygon.

- 한 변을 포함하는 직선이 내부를 통과하는 다각형.

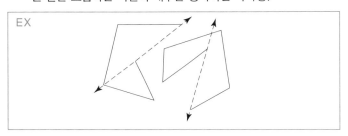

concentric, 중심이 같은* Having a common center.

- 공통된 중심을 가진.

concentric circles, 동심원* Circles〔원〕 that lie in the same plane and have the same center〔중점〕 but have different radii〔반지름〕.

- 중점은 같고 반지름(radii)만 다른 원들.

참고 radii는 radius의 복수형.

conclusion, 결론*** In a statement〔명제〕, $p \to q$, the 'q' part is called a conclusion〔결론〕.

- 종결이라고도 한다. 조건문 $p \to q$ 에 있어서 명제 q를 그의 결론이라고 한다.

conditional, 조건문** A statement〔명제〕 that changes when a variable〔변수〕 changes.

－포함명제라고도 한다. 이를테면 '$x=1$'이라든가 '$x^2-2x+3>0$' 등과 같이 변동시킬 수 있는 대상 x에 관한 명제를 일반적으로 조건명제라 한다.

conditional statement, 조건명제* A statement of the form "If A, then B." that can be written in if-then form. The part following "if" is called the hypothesis[가설]. The part of following "then" is called the conclusion[결론].

－'if' 다음에 나오는 가설과 'then' 다음에 나오는 결론으로 이루어진 문장.

conditional equation, 조건 등식* An equation[방정식] that is true for some values[값] of the variable[변수] and not true for others.

－하나의 미지수(variable)만을 만족시키는 등식.

cone, 원뿔** A solid[입체도형] with a circular base, a vertex[꼭지점] V not contained in the same plane as the base, and a lateral[옆] surface area composed of all points in the segments connecting the vertex to the edge[모서리] of the base[밑면].

－원형의 밑면으로부터 꼭지점(vertex)을 연결하는 모든 점으로 이루어진 도형.

참고 원뿔의 부피(volume) $V=\dfrac{2}{3}hS$
(h － 높이, S － 밑면의 넓이)
뿔의 밑면이 다각형(polygon)이면
각뿔(pyramid)이라 한다.

congruence transformation, 합동변환, 등장(等長)* When a geometric〔기하〕 figure〔도형〕 and its transformation〔변환〕 image are congruent〔합동〕, the mapping〔사상〔寫像〕〕 is called a *congruence transformation*〔합동변환〕 or isometry 〔등장(等長)〕.

- 도형의 변환된 상이 원래의 도형과 일치할 때를 말한다.

congruent, 합동*** Coinciding〔일치하는〕 figures〔도형〕, segments〔선분〕 or angles〔각〕.

- 크기(size)와 모양(shape)이 같은 두 개의 도형(figure), 선분(segment), 또는 각(angle).

congruent angles, 합동인 각*** Angles〔각〕 that have the same measure〔크기〕.

- 크기가 같은 두 각.

참고 Congruence of angles is reflexive, symmetric, and transitive.

Reflexive Property　　　$\angle A \cong \angle A$
Symmetric Property　　If $\angle A \cong \angle B$, then $\angle B \cong \angle A$
Transitive Property　　If $\angle A \cong \angle B$ and $\angle B \cong \angle C$, then $\angle A \cong \angle C$

증명(proof)을 할 때 이 속성들이 이용된다.

EX What are the measurements(크기) of the *base angles*(밑각) of an *isosceles triangle*(이등변삼각형) in which the *vertex angle*(꼭지각) measures 45°?
(꼭지각(vertex angle)이 45도인 이등변삼각형의 밑각(base angles)의 크기는?)

> *Solution*
> Let x=the measure of each base angle.(x를 밑각의 크기라고 하자.)
> $x+x+45=180$
> $2x+45=180$
> $2x+45-45=180-45$
> $2x=135$
> $x=67.5$
> The *base angles*(밑각) each measure 67.5 °   *Answer*.

congruent arcs, 합동인 호* Two arcs[호] that have the same measure.

- 크기가 같은 두 호(arc).

congruent circles, 합동인 원* Circles[원] that have the same radius[반지름].

- 반지름이 같은 두 원(circle).

congruent right triangles, 합동인 직각삼각형** *Right triangles*[직각삼각형] that have their corresponding[대응하는] parts congruent[합동].

- 대응하는 세 각과 세 변이 같은 두 직각삼각형(right triangles).

> 참고 직각삼각형의 합동 조건
>   1. LL(Leg-Leg) : 빗변이 아닌 두 변이 같을 때
>   2. HA(Hypotenuse-Angle) : 빗변과 한 예각이 같을 때
>   3. LA(Leg-Angle) : 한 변과 한 예각이 같을 때
>   4. HL(Hypotenuse-Leg) : 빗변과 다른 한 변이 같을 때

congruent segments, 합동인 선분* Segments〔선분〕 that have the same length.

－길이가 같은 두 선분(segment).

> 참고 Congruence of segments is reflexive, symmetric, and transitive.
> Reflexive Property $\overline{AB} \cong \overline{AB}$
> Symmetric Property If $\overline{AB} \cong \overline{CD}$, then $\overline{CD} \cong \overline{AB}$
> Transitive Property If $\overline{AB} \cong \overline{CD}$ and $\overline{CD} \cong \overline{EF}$,
> then $\overline{AB} \cong \overline{EF}$
> 증명(proof)을 할 때 이 속성들이 이용된다.

congruent solids, 합동인 입체(도형)* The solids〔입체〕 are congruent〔합동〕 if all of the following conditions are met.
1. The *corresponding angles*〔대응각〕 are congruent〔합동〕.
2. *Corresponding edges*〔대응변〕 are congruent〔합동〕.
3. Areas〔면적〕 of *corresponding faces*〔대응면〕 are congruent〔합동〕.
4. The volumes〔부피〕 are congruent〔합동〕.

－대응각, 대응변, 대응면의 면적, 부피가 같은 두 입체(solids)는 합동(congruent)이다.

congruent triangles, 합동인 삼각형*** Triangles〔삼각형〕 that have their corresponding parts congruent〔합동〕.

－대응하는 세 각과 세 변이 같은 두 삼각형.

> 참고 삼각형의 합동 조건
> 1. SSS Postulate(Side-Side-Side) : 세 변이 같을 때
> 2. SAS Postulate(Side-Angle-Side) : 두 변과 사잇각이 같을 때

> 3. ASA Postulate(Angle-Side-Angle): 두 각과 사잇변이 같을 때
>
> Congruence of triangle is reflexive, symmetric, and transitive.
> Reflexive Property   △ABC≅△ABC
> Symmetric Property If △ABC≅△DEF, then △DEF≅△ABC.
> Transitive Property If △ABC≅△DEF and △DEF≅△GHI,
>   then △ABC≅△GHI.
> 증명(proof)을 할 때 이 속성들이 이용된다.

conjecture, 추측* An educated guess.

—주어진 정보를 가지고 유출해 낸 추측.

> EX Given that points P, Q, and R are collinear, Joe made a conjecture(추측) that Q is between P and R. Determine if his conjecture is true or false. Explain your answer.
>
> Given(주어진 조건): Points P, Q, and R are collinear.
> Conjecture(추측): Q is between P and R.
>
> *Solution*
> The figure at the right can be used to disprove the conjecture. In this case, P, Q, and R are collinear and R is between Q and P. Since we can find a counterexample for the conjecture, the conjecture is false.
> (그림에 의하면 R이 Q와 P의 중간에 올 수 있다. 이러한 반례(counterexample)가 나올 수 있으므로 이 추측(conjecture)은 거짓이다.)

conjugates, 켤레** If b and d are both nonnegative[양수], the binomials[이항식] '$a\sqrt{b}+c\sqrt{d}$' and '$a\sqrt{b}-c\sqrt{d}$' are conjugates[켤레] of one another.

$-b$와 d가 음수(negative numbers)가 아닐 경우 '$a\sqrt{b}+c\sqrt{d}$'와 '$a\sqrt{b}-c\sqrt{d}$'를 켤레(conjugates)라고 한다.

> EX Solve *quadratic equations*(이차방정식) by *completing the square*(완전제곱을 이용하여).
> *Solution*
> $y^2+6y+2=0$
> $y^2+6y=-2$
> $y^2+6y+9=-2+9$
> $(y+3)^2=7$
> $y+3=\pm\sqrt{7}$
> $y=-3\pm\sqrt{7}$
> The solution set is $(-3+\sqrt{7})$ and $(-3-\sqrt{7})$. *Answer*.

conjugate binomials, 켤레 이항식* Binomials[이항식] that are the same except[제외하고] for the sign[부호] between the terms[항].

- 항(term) 사이 부호(sign)만 다르고 항은 같은 이항식(binomial).

> EX $2x+4$ and $2x-4$

consecutive even integers, 연속적인 짝수** Obtained[얻어진다] by counting by twos from any *even integer*[짝수].

- 짝수에 계속 2씩 더해서 얻어지는 수.

> EX 1 2, 4, 6, 8, ……
>
> EX 2 Find two consecutive even integers whose product is 168.
> (곱이 168인 두 연속적인 짝수를 구하라.)

> *Solution*
> Let the two numbers n and $n+2$.
> $n(n+2)=168$
> $n^2+2n=168$ simplify(계산한다).
> $n^2+2n-168=0$
> $(n-12)(n+14)=0$
> $n=12$ or -14
> $n+2=14$ or -12
> The consecutive even integers are 12 and 14, or -14 and -12
>
> *Answer*.

consecutive interior angles, 이웃하는 두 내각* In the figure, tranversal〔횡단선〕 t intersects〔교차하다〕 lines l and m. There are two pairs of consecutive interior angles: $\angle 8$ and $\angle 1$, and $\angle 7$ and $\angle 2$.

- 옆 그림에서 $\angle 8$과 $\angle 1$, $\angle 7$과 $\angle 2$ 를 말한다.

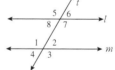

consecutive integers, 연속적인 정수** Integers〔정수〕 in counting order.

- 연속적인 정수(integer).

```
EX  3, 4, 5, 6, ……
```

consecutive odd integer, 연속적인 홀수** Obtained〔얻어진 다〕 by counting by twos from any *odd integer*〔홀수〕.

- 홀수에 계속 2씩 더해서 얻어지는 수.

> EX 1 1, 3, 5, 7, ……
>
> EX 2 Let n=the least(가장 작은) *odd integer*(홀수). Then $n+2$=the *next greater*(그다음으로 큰) odd integer, and $n+4$=the greatest(가장 큰) of the three odd integers. The sum(합) of these three numbers is -15. What are the three *consecutive odd integers*(연속적인 홀수)?
> (n, $n+2$, $n+4$로 나타내어지는 세 개의 연속적인 홀수의 합이 -15일 때, 이 세 개의 수를 구하라.)
>
> *Solution*
> $n+(n+2)+(n+4) = -15$
> $3n+6 = -15$ simplify(계산한다).
> $3n+6-6 = -15-6$ subtract(뺀다) 6 from each side.
> $3n = -21$
> $\dfrac{3n}{3} = \dfrac{-21}{3}$ divide(나눈다) each side by 3.
> $n = -7$
> $n+2 = -7+2$ $n+4 = -7+4$
> $n+2 = -5$ $n+4 = -3$
> The consecutive odd integers are -7, -5, and -3.
>   *Answer*.

consequent, 후항** The second term [항] of a ratio [비].

- 비(ratio) $a:b$ 에 있어서 b를 말한다.

consistent, 해(解)를 가지는** A *system of equations* [연립방정식] is said to be consistent when it has at least one *ordered pair* [순서쌍] that satisfies [만족시키는] both equations [방정식들].

- 최소한 한 개의 순서쌍(ordered pair)을 답(solution)으로 가지는 연립방정식(system of equations)을 'consistent' 하다고 한다.

constant, 상수** Monomials[단항식] that are real numbers.
- 일정한 수의 값 대신 쓰는 문자.

constant of variation, 계수** The number k in equations[방정식] of the form $y=kx$ and $xy=k$.
- 방정식 $y=kx$와 $xy=k$에서 k가 계수(constant of variation)이다.

> EX Julio's wages(임금) *vary directly*(비례한다) as the number of hours that he works. If his wages for 5 hours are $29.75, how much will they be for 30 hours?
> (훌리오의 임금은 작업 시간에 비례한다. 5시간 임금이 $29.75일 때 30시간 일해서 얻게 될 임금은 얼마인가?)
>
> *Solution*
> Let x = number of hours Julio works.(훌리오의 작업 시간을 x라 하고)
> and let y = Julio's pay. (훌리오의 임금을 y라 하자.)
> Find the value of k in the equation $y=kx$. (이때 성립하는 방정식 $y=kx$에서 k, 즉 계수를 구한다. 이것이 훌리오의 시간당 임금이다.)
> $k = \dfrac{y}{x}$
> $k = \dfrac{29.75}{5} = 5.95$ (훌리오의 시간당 임금)
> Find out how much Julio's wages will be for 30 hours. (30시간의 임금을 구한다.)
> $y = kx$ $\quad$ $y = 5.95(30) = 178.50$ $\qquad$ *Answer.*

contrapositive, 대우* Given a conditional statement, the negation[부정] of the hypothesis[가설] and conclusion[결

론) of the converse〔역〕 of the given condition.

– 주어진 명제를 역으로 하고 가설과 결론을 부정한 것.

> EX The contrapositive of $p \to q$ is $\sim q \to \sim p$.
> True conditional(참인 조건문)의 contrapositive는 항상 true(참)이고, False conditional(거짓인 조건문)의 contrapositive는 항상 false(거짓)이다.

converse, 역* The converse〔역〕 of a statement〔명제〕 is obtained〔얻어진다〕 by interchanging〔교환하다〕 the 'if' and 'then' parts.

– 조건문(conditional) $p \to q$에 대해, 조건문 $q \to p$를 역(converse)이라 한다.

> 참고 참조건문(true statement)의 converse는 true(참)가 아닐 수도 있다.
>
> EX The Converse(역) of the Pythagorean Theorem
> If the sum(합) of the squares(제곱) of the measures(값) of two sides of a triangle(삼각형) equals the squares of the measure of the longest side, then the triangle is a right triangle.
> (두 변의 제곱의 합이 가장 긴 변의 제곱과 같은 삼각형은 직각삼각형이다.)

convex polygon, 볼록다각형* A polygon〔다각형〕 for which there is no line that contains both a side of the polygon and a point in the interior〔내부〕 of the polygon.

– 한 변을 포함하는 직선이 내부를 통과하지 않는 다각형.

EX

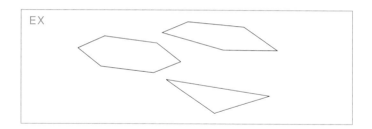

coordinates, 좌표*** The number that corresponds [해당하다] to a point on a *number line* [수직선]

— 수직선(number line) 위의 한 점을 나타내는 수.

coordinate axis, 좌표축*** The x- and y-axes in the number plane.

— x축과 y축.

coordinate plane, 좌표평면*** The plane [평면] containing the x- and y-axes.

— x축과 y축으로 이루어진 평면(plane).

coordinates of a point, 점의 좌표*** The abscissa [x좌표] and ordinate [y좌표] of the point, written as an *ordered pair* [순서쌍] of numbers.

— 순서쌍(ordered pair)으로 표시하는 한 정점의 좌표들(coordinates).

coordinate proof, 좌표평면을 이용한 증명* A proof [증명] that uses figures in a *coordinate plane* [좌표평면] so that geometric results can be proved by means of algebra〔대수〕.

-기하에서, 증명을 하기 위해 좌표평면 상의 도형을 가지고 대수를 이용하는 것.

EX Prove that the segments(선분) joining the midpoints(중점) of the sides of a quadrilateral(사각형) form a parallelogram(평행사변형) using a coordinate proof.
(사각형의 네 변의 중점을 잇는 선분으로 이루어진 사각형은 평행사변형임을 좌표평면을 이용하여 증명하라.)

Given (주어진 조건): $RSTV$ is a quadrilateral(사각형).
A, B, C, and D are midpoints(중점) of sides RS, ST, TV, and VR, respectively(각각).
Prove(증명하라): $ABCD$ is a parallelogram(평행사변형).

Proof:
Place quadrilateral $RSTV$ on the coordinate plane and label coordinates as shown.
(사각형 $RSTV$를 좌표평면 위에 그리고 좌표를 표시한다.)

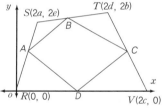

(계산의 편의를 위해 좌표를 2의 배수로 표시한다.)
By the midpoint formula, the coordinates of A, B, C, and D are (중점 공식으로 A, B, C, D의 좌표를 구해 보면)

$A\left(\dfrac{2a}{2}, \dfrac{2e}{2}\right) = (a, e)$

$B\left(\dfrac{2d+2a}{2}, \dfrac{2e+2b}{2}\right) = (d+a, e+b)$

$C\left(\dfrac{2d+2c}{2}, \dfrac{2b}{2}\right) = (d+c, b)$

$D\left(\dfrac{2c}{2}, \dfrac{0}{2}\right) = (c, 0)$

Find the slopes of $\overline{AB}$ and $\overline{DC}$.
(선분 AB와 DC의 기울기를 구한다.)

slope of $\overline{AB}$ slope of $\overline{DC}$

$$m = \frac{y_2-y_1}{x_2-x_1} \qquad\qquad m = \frac{y_2-y_1}{x_2-x_1}$$

$$= \frac{(e+b)-e}{(d+a)-a} \qquad\qquad = \frac{0-b}{c-(d+c)}$$

$$= \frac{b}{d} \qquad\qquad\qquad\quad = -\frac{-b}{-d} \text{ or } \frac{b}{d}$$

The slopes of $\overline{AB}$ and $\overline{DC}$ are the same so the segments are parallel.(두 선분의 기울기가 같으므로 두 선분은 평행하다.)

Use the distance formula to find $\overline{AB}$ and $\overline{DC}$.
(거리 공식을 이용하여 두 선분의 길이를 구한다.)

$$\overline{AB} = \sqrt{((d+a)-a)^2+((e+b)-e)^2}$$
$$\quad\; = \sqrt{d^2+b^2}$$

$$\overline{DC} = \sqrt{((d+c)-c)^2(b+0)^2}$$
$$\quad\; = \sqrt{d^2+b^2}$$

Thus, $\overline{AB} = \overline{DC}$. (두 선분의 길이는 같다.)

Therefore, $ABCD$ is a parallelogram because if one pair of opposite sides of a quadrilateral are both parallel and congruent, then the quadrilateral is a parallelogram.
(사각형의 마주 보는 두 변의 길이가 같고 평행하므로 이 사각형은 평행사변형이다.)

coplanar points, 동 평면 상의 점*   Points〔점〕 that lie in the same plane〔평면〕.

— 같은 평면(plane) 상에 놓여 있는 점들.

corner view, 코너뷰* The view [모습] from a corner of a figure (also called perspective view).

— 코너에서 보여진 도형의 모습.

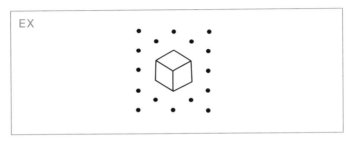

corollary, 계* A statement that can be easily proven using a theorem [정리] is called a corollary [계] of that theorem.

— 어떤 정리를 사용해 쉽게 증명되는 명제를 그 명제의 계라고 한다.

> 참고 A corollary can be used as a reason in a proof(증명).
> 증명 시 corollary도 reason으로 사용된다.

corresponding angles, 대응각** Matching angles [각] in *similar triangles* [닮은 삼각형], which have equal measures [값].

— 두 개의 닮은 삼각형(similar triangle)에서 값이 같은 각들(angles).

참고

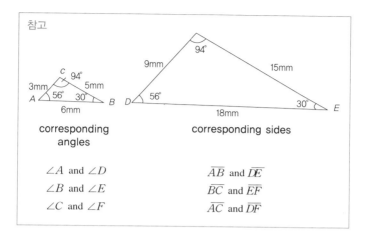

corresponding angles

∠A and ∠D
∠B and ∠E
∠C and ∠F

corresponding sides

$\overline{AB}$ and $\overline{DE}$
$\overline{BC}$ and $\overline{EF}$
$\overline{AC}$ and $\overline{DF}$

corresponding angles, 동위각** In the figure, transversal [횡단선] t intersects lines l and m. There are four pairs of *corresponding angles* [동위각] : ∠5 and ∠1, ∠8 and ∠4, ∠6 and ∠2, and ∠7 and ∠3.

– 아래 그림에서 ∠5와 ∠1, ∠8과 ∠4, ∠6과 ∠2, ∠7과 ∠3을 말함.

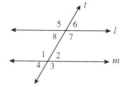

Corresponding Angles Postulate, 동위각정리* If two *parallel lines* [평행선] are cut by a transversal [횡단선], then each pair of *corresponding angles* [동위각] is congruent.

– 두 평행선과 교차하는 직선으로 인하여 생기는 동위각(corresponding angles)의 크기는 같다.

corresponding sides, 대응변** The sides 〔변〕 opposite the *corresponding angles* 〔대응각〕 in *similar triangles* 〔닮은 삼각형〕.

- 닮은 삼각형에서 대응각(corresponding angles)을 마주 보는 변들(sides).

> 참고 위의 그림(삼각형에서의 대응각)을 참조.

cosine, 코사인*** The cosine of *acute angle* 〔예각〕 ∠A of a *right triangle* 〔직각삼각형〕=

$$= \frac{\text{length 〔길이〕 of } leg\ adjacent \text{〔이웃변〕 to } \angle A}{\text{length 〔길이〕 of hypotenuse 〔빗변〕}}$$

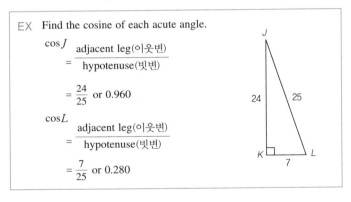

EX Find the cosine of each acute angle.

$\cos J$
$= \dfrac{\text{adjacent leg(이웃변)}}{\text{hypotenuse(빗변)}}$

$= \dfrac{24}{25}$ or 0.960

$\cos L$
$= \dfrac{\text{adjacent leg(이웃변)}}{\text{hypotenuse(빗변)}}$

$= \dfrac{7}{25}$ or 0.280

cost, 물건 값, 비용* An amount 〔가격〕 paid or required in payment for a purchase 〔구입〕 or a goal 〔목적〕.

- 어느 물건이나 목적을 위해 지불되는 값.

counterexample, 반증, 반례* An example used to show that a given general statement is not always true.

- 어떤 명제가 항상 사실은 아님을 증명하기 위한 예.

CPCTC, 시피시티시** An acronym〔약자〕 meaning 'Corresponding Parts of Congruent Triangles are Congruent' in proof〔증명〕.

- 증명(proof)에서 쓰이는 'Corresponding Parts of Congruent Triangles are Congruent'의 약자로, '합동인 삼각형에서 대응하는 변이나 각은 서로 합동이다.' 라는 뜻이다.

EX Proof of 'Isosceles Triangle Theorem'
(이등변삼각형 정리의 증명)
Given : $\triangle PQR$, $\overline{PQ} \cong \overline{RQ}$
Prove: $\angle P \cong \angle R$

Statements	Reasons
1. Let S be the midpoint (중점) of PR.	1. Every segment(선분) has exactly one midpoint.
2. Draw *auxiliary segment* (보조선) QS.	2. Through any two points there is one line. (두 선을 지나는 선은 하나뿐이다)
3. $\overline{PS} \cong \overline{RS}$	3. Definition(정의) of midpoint
4. $\overline{QS} \cong \overline{QS}$	4. Congruence of segments is reflexive. (선분의 합동에 관한 성격)
5. $\overline{PQ} \cong \overline{RQ}$	5. Given (가정 : 주어진 조건)
6. $\triangle PQS \cong \triangle RQS$	6. *SSS*(Side-Side-Side, 세 변의 길이가 같은 합동)
7. $\angle P \cong \angle R$	7. *CPCTC* (Corresponding Parts of Congruent Triangles are Congruent.)

---

cross products, 크로스 곱** In a proportion〔비례〕 such as $a:b=c:d$, the product〔곱〕 of the means〔내항〕 equals the product of the extremes〔외항〕.

- 비례관계(proportion)에서 외항(extremes)끼리의 곱과 내항(means)끼리의 곱은 같다. If $\frac{a}{b} = \frac{c}{d}$, then $ad = bc$.

EX Solve $\dfrac{3x-1}{4} = \dfrac{7}{8}$

Solution

$$\frac{3x-1}{4} = \frac{7}{8}$$
$$(3x-1)(8) = (4)7$$
$$24x - 8 = 28$$
$$24x = 36$$
$$x = \frac{36}{24} \text{ or } \frac{3}{2} \qquad\qquad Answer.$$

---

cross section, 크로스 섹션* The intersection〔교차〕 of a plane parallel〔평행한〕 to the base〔밑면〕 or bases of a solid〔입체도형〕.

- 입체(solids)의 밑면에 평행한 교차면.

cube, 세제곱, 정육면체** A regular solid〔입체〕 having six congruent〔같은〕 square〔정사각형〕 faces〔면〕.

- 여섯 개의 정사각형(square)으로 만들어진 입체(solid).

cubic, 삼차** A word describing a third degree polynomial〔다항식〕.

- 삼차(third degree)에 관한.

cubic equation, 삼차방정식** A polynomial equation〔방정

식] of degree three.

- 세제곱의 문자가 포함된 다항식(polynomial)으로 이루어진 방정식(equation).

EX $3x^3+4x^2-x=25$

cylinder, 원기둥** A figure whose bases[밑면, 윗면] are formed by congruent circles in parallel[평행한] planes.

- 두 개의 합동인 원을 윗면과 밑면으로 하는 입체.

참고 The volume(부피) of a cylinder(원기둥) $V=\pi r^2 h$ ($h=$높이)

EX 1

EX 2 If the height(높이) of a cylinder(원기둥) is 8 times its circumference(원주), what is the volume(부피) of the cylinder in terms of its circumference, C?

(높이가 원주의 8배인 원기둥의 부피를 C로 나타내라.)

Solution

The volume of a cylinder is $V=\pi r^2 h$.

$h=8C$ (circumference)

$$C=2\pi r, \qquad r=\frac{C}{2\pi}$$

$$V=\pi(\frac{C}{2\pi})^2(8C)$$

$$V=\pi(\frac{C^2}{4\pi^2})(8C)$$

$$=\frac{2C^3}{\pi}$$

Therefore, the volume of the cylinder is $\frac{2C^3}{\pi}$ *Answer*.

D

data, 자료*** Numerical〔숫자의〕 information〔정보〕

- 측정값, 조사 자료 등과 같이 실험(experiment)이나 관측(observation), 조사의 결과를 그대로 표에 정리한 것.

decagon, 십각형* A polygon〔다각형〕 with ten angles〔각〕 and ten sides〔변〕.

- 열 개의 각(angle)과 변(side)으로 이루어진 다각형(polygon).

decimal, 소수의, 십진법의*** A number represented by using a *decimal point*〔소수점〕.

- $\frac{1}{10}$ 을 0.1, $\frac{1}{100}$ 을 0.01 등으로 나타낸 것.

EX $0.385 = 3 \times 0.1 + 8 \times 0.01 + 5 \times 0.001$

deductive reasoning, 연역법** A system of reasoning〔논리〕 used to reach conclusions〔결론〕 that must be true whenever the assumptions〔가정〕 on which the reasoning is based are true.

- 주어진 가정(assumptions)이 참(true)일 때 결론(conclusion)도 참이 된다는 것.

defining variables, 변수를 정함** Choosing a variable〔변수〕 to represent〔대표하다〕 one of the *unspecified numbers*〔미지수〕 in a problem〔문제〕.

-응용문제(word problem)를 풀 때 방정식(equation)을 만들기 위해 미지수(unspecified numbers)를 대신할 문자(variable)를 정하는 것.

definition, 뜻, 정의*** A statement〔문장〕 conveying〔설명하는〕 fundamental〔기본적인〕 character〔특성〕 of a *mathematical term*〔수학 용어〕.

-수학 용어의 뜻을 규정하는 문장 또는 식.

> EX 이등변삼각형(isosceles triangle)의 정의(definition)는 '두 변의 길이가 같은 삼각형'이다.
>
> 참고 'proof(증명)'를 할 때도 사용되며, 'def. median(중선의 정의)' 'def. isosceles △(이등변삼각형의 정의)' 등으로 표시한다.

degree, 도, 차수*** 1. A planar unit of *angular measure*〔각의 값〕 equal in magnitude〔크기〕 to $\frac{1}{360}$ of a great circle.
-원을 360으로 나눈 값으로 측정한 각의 값.
2. The number represented in the exponent〔지수〕 of a variable〔변수〕.
-지수(exponent)에 나타난 값.

degree of monomial, 단항식의 차수* The sum〔합〕 of the degrees〔차수〕 in each of the variables〔변수〕 is the degree of the monomial〔단항식〕.

- 단항식(monomial)의 차수(degree)는 각 항(term)의 차수를 더한 합이다.

> 참고 Nonzero(0이 아닌) constant(상수) has degree 0.
> 숫자의 degree는 0이다.

EX 단항식(monomial) $3x^3y^2z$ 의 차수(degree)는 $3+2+1=6$이다.

degree of a node, 맺힌점의 차수* In a network, the number of edges〔모서리〕 meeting at a *given node*〔맺힌점〕.

- 네트워크의 한 맺힌점에서 만나는 모서리의 수가 그 점의 차수이다.

> 참고 Network Traceability Tests(아래의 경우 그 네트워크는 traceable 하다.)
> 1. All of the nodes in the network have even degrees.
>   (그 네트워크의 모든 맺힌점의 차수가 짝수일 때)
> 2. Exactly tow nodes in the network have odd degrees.
>   (그 네트워크의 맺힌점 두 개의 차수가 홀수일 때)

EX Determine if each network is traceable and complete.
If not complete, name the edges that need to be added to make it complete.
(다음 네트워크가 traceable하고 complete한지 알아보고, complete 하지 않을 경우 어떤 모서리를 추가해야 하는지 설명하라.)

a.

b.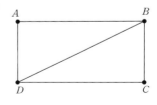

The network is not traceable because all of the nodes have odd degrees. (모든 맺힌점의 차수가 홀수이므로 traceable하지 않다.)	Exactly two nodes, B and D, have odd degrees. So the network is traceable. (정확히 두 맺힌점의 차수가 홀수이므로 traceable하다.)
Since all nodes are connected, the network is complete. (모든 맺힌점이 연결되어 있으므로 complete하다.)	The network is incomplete because nodes A and C are not connected (맺힌점 A와 C가 연결되어 있지 않으므로 incomplete하다.)

degree of a polynomial, 다항식의 차수* The greatest〔가장 큰〕 of the degrees of its terms〔항〕 after it has been simplified〔동류항끼리 정리하다〕.

- 차수(degree)가 가장 높은 항(term)의 차수(degree)가 그 다항식의 차수(degree)이다.

EX 다항식(polynomial) $axy^2 + by^2 + c$의 차수는 2이다.

denominator, 분모*** In the fraction〔분수〕 $\dfrac{a}{b}$, b is the denominator〔분모〕.

- 분수(fraction)에서 아래에 있는 수.

참고 분자는 numerator라 한다.

density, 밀도* The measure of an object's lightness or heaviness.

- 어느 물질의 조밀한 정도.

> 참고 밀도 구하는 공식(density formula)
> $m = DV$
> m=mass(질량), D=density(밀도), V=volume(부피)

density property*   Between every pair of different *rational numbers* [유리수], there are infinitely [무한히] many rational numbers.

– 두 유리수(rational numbers) 사이에는 무한한 다른 유리수가 존재한다는 법칙.

dependent, 부정*   A system of equations [연립방정식] that has an infinite [무한한] number of solutions [해].

– 해집합(solution set)의 수가 무한한 방정식을 dependent(부정)라 한다.

> EX $x - y = 3$, $2x - 2y = 6$,
> 이 두 방정식은 같은 그래프로 표시되므로 답도 무한하다. 그러므로 이 두 방정식은 dependent 또는 consistent하다고 한다.

dependent events, 종속사건*   If the outcome [결과] of an event [사건] affects the outcome of another event, they are *dependent events* [종속사건].

– 한 사건(event)이 다른 사건의 결과에 영향을 미치는 두 사건.

> 참고   서로 영향을 주지 않는 사건(event)들은 independent events(독립 사건)이다.

dependent variable(quantity), 종속변수*   The variable [변수]

in a function〔함수〕 whose value〔값〕 is determined〔결정되다〕 by the *independent variable*〔독립변수〕.

− 독립변수(independent variable)에 의해 값이 결정되는 변수(variable).

> EX Shim owns a farm market. The amount a customer pays for sweet corn depends on the number of ears that are purchased. Shim sells a dozen ears of corn for $3.00. In this case, what is the dependent variable(quantity)?
> (심 씨의 야채 가게에서 옥수수 값은 개수에 따라 다르다. 그의 가게에서는 옥수수 12자루에 3불을 받는다. 이 경우 종속변수(dependent variable)는 무엇인가?)
>
> *Solution*
> 옥수수의 숫자에 따라 달라지는 것은 값이므로 이 경우 종속변수는 값(price)이다.

diagonal, 대각선의** In a polygon〔다각형〕, a segment〔선분〕 joining nonconsecutive〔바로 옆에 있지 않은〕 vertices〔꼭지점들〕 of the polygon.

− 바로 옆에 있지 않은 두 꼭지점을 연결하는 선.

> 참고 The diagonals(대각선) of a parallelogram(평행사변형) bisect(이등분한다) each other.
> (평행사변형의 대각선은 서로를 이등분한다.)

diagrams, 다이어그램(도표)*** A graphic〔그림의〕 representation〔표현〕 of an algebraic〔대수〕 or geometric〔기하의〕 relationahip〔상관관계〕.

- 어떤 상관관계(relation) 등을 알아보기 쉽게 도표로 만든 것.

diameter, 지름***   1. In a circle〔원〕, a chord〔현〕 that contains the center of the circle.

- 원의 중점을 포함하는 현.

2. In a sphere〔구〕, a segment〔선분〕 that contains the center of the sphere, and whose endpoints are on the sphere.

- 구의 중점을 지나고 끝점은 구 표면에 있는 선분.

difference, 차, 나머지***   For any two real numbers a and b, the difference〔차〕 $a-b$ is the number whose sum〔합〕 with b is a.

- 한 수에서 다른 수를 뺀 값.

differences of squares*   Two *perfect squares*〔완전제곱〕 separated by a *subtraction sign*〔빼기 부호〕, $a^2-b^2=(a+b)(a-b)$

- 두 완전제곱(perfect squares) 수의 차(difference).

dilation, 확대(또는 축소)*   A transformation determined by a center point C and a scale factor $k>0$. For any point P in the plane, the image P' or P is the point on $\overline{CP}$ such that $\overline{CP'}=k\cdot\overline{CP}$.

- 모양은 변하지 않고 크기만 일정한 비율로 확대 또는 축소하는 것.

> 참고 In general, if k is the scale of factor for a dilation with center C, then the following is true.

If $k>0$, P', the image of point P, lies on CP, and $CP' = k \cdot CP$.

If $k<0$, P', the image of point P, lies on the ray opposite CP, and $CP' = |k| \cdot CP$.

(The center of a dilation is always its own image.)

If $|k|>1$, the dilation is an enlargement.(k가 1보다 크면 확대변환이다.)

If $0<|k|<1$, the dilation is a reduction.(k가 0에서 1 사이이면 축소변환이다.)

If $|k|=1$, the dilation is a congruence transformation.(k가 1이면 합동변환이다.)

EX Given center C and each scale factor k, find the dilation image of $\overline{XY}$.

(점 C를 중심으로 하고 스케일을 k로 할 때, 선분 XY의 확대(축소) 이미지를 그려라.)

a. $k = \dfrac{3}{4}$

Since $k<1$, the dilation is a reduction. (k가 1보다 작으므로 새 이미지는 축소된다.)

Draw $\overline{CX}$ an $\overline{CY}$.

$\overline{CT} = \dfrac{3}{4} (\overline{CX})$

$\overline{CS} = \dfrac{3}{4} (\overline{CY})$

$\overline{TS}$ is the dilation of $\overline{XY}$ with scale factor $\dfrac{3}{4}$.

b. $k = 5$

Since $k>1$, the dilation is an enlargement.(k가 1보다 크므로 새 이미지는 확장된다.)

Draw $\overline{CX}$ and $\overline{CY}$.

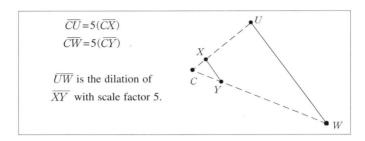

dilute, 희석하다* To make thinner〔연하게〕 or *less concentrated*〔농도를 약하게〕 by adding a liquid〔액체〕 such as water.

- (물을) 액체에 섞어 농도를 약하게 하다(희석하다).

dimension, 넓이* A measure〔값〕 of spatial〔공간적인〕 extent, especially width〔가로〕, height〔높이〕, or length〔세로〕.

- 어느 공간을 가로(width), 세로(length), 높이(height)로 측정한 값(measure).

dimensional analysis, 단계적 분석* The process〔과정〕 of carrying units throughout a computation〔계산〕.

- 응용문제(word problems)를 풀 때 공식(formula)을 이용하여 순차적으로 계산(computation)해 나가는 과정(process).

direct variation, 정비례** A *direct variation*〔정비례〕 is described by an equation〔방정식〕 of the form $y = kx$, where $k \neq 0$.

- k가 0이 아닐 때 $y = kx$로 표시되는 관계.

참고 direct variation의 반대는 inverse variation(반비례)이다.

EX If y varies directly(비례) as x, and $y = 28$ when $x = 7$, find x when $y = 52$.

Solution
Use $\dfrac{y_1}{y_2} = \dfrac{x_1}{x_2}$ to solve the problem.

$\dfrac{28}{52} = \dfrac{7}{x_2}$

$28(x_2) = 52(7) = 364$

$x_2 = 13$ *Answer.*

direction of a vector, 벡터의 방향* The measure of the angle that the vector forms with the positive x-axis[x축] or any other *horizontal line* [수평선].

- 벡터가 x축 또는 다른 수평선과 이루는 각의 값.

discounting, 디스카운트(할인해 주는)* To deduct [감해 주다] or subtract [빼주다] form a cost or price.

- 물건 등의 가격을 할인해 주는 것.

EX Mary wants to buy a pair of jeans that cost $48. She has a coupon offering 20% discount in that store. What will be the discounted price?
(메리가 사려는 48불짜리 청바지를 20% 할인 쿠폰으로는 얼마에 살 수 있는가?)

Solution
20% of $48.00 = 0.20(48.00) = 9.60 (discount 액수를 계산한다.)
$48.00 − $9.60 = $38.40 (원래 액수에서 디스카운트 액수를 뺀다.)
Answer.

discriminant, 판별식** In the *quadratic formula*〔근의 공식〕, the expression b^2-4ac.

− 이차방정식(quadratic equation)의 근(root)을 구하는 공식에서 루트 속의 부분.

> 참고 이차방정식 ax^2+bx+c, $(a \neq 0)$의 근의 공식(quadratic formula)
> $x = \dfrac{-b \pm \sqrt{b^2-4ac}}{2a}$ 에서 b^2-4ac가 discriminant(판별식)이다.
> 이것으로 그 방정식에 해가 있는지의 여부를 알 수 있다.

distance between a point and a line, 한 점과 선 사이의 거리*
For a point not on a given line, the length of the segment perpendicular〔수직인〕 to the line from the point. If the point is on the line, then the distance〔거리〕 between the point and the line is zero.

− 한 점과 한 선과의 거리는 그 선에서 점까지의 수직거리이다. 그 점이 그 선 상에 있으면 그 거리(distance)는 0이다.

> EX Draw the segment that represents the distance from R to $\overline{AB}$.
> (점 R에서 선분 AB까지의 거리를 보여주는 선분을 그려라.)
> Since the distance from a line to a point not on the line is the length of the segment perpendicular to the line from the point, extend $\overline{AB}$ and draw $\overline{RT}$ so that $\overline{RT} \perp \overline{AB}$.
>
> (한 점에서 어느 선분까지의 거리는 그 점에서 선분까지의 수직이등분선의 거리이므로 $\overline{AB}$를 연장한 후 점 R에서 수직이 되게 $\overline{RT}$를 그린다.)
>
>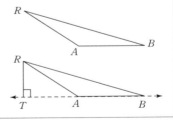

distance between two parallel lines, 평행한 두 선 사이의 거리*

The distance〔거리〕 between one of the lines and any point on the other line.

- 평행한 두 선 사이의 거리는 한 선과 다른 선에 있는 점과의 거리이다.

> EX Find the distance between two parallel lines l and m. Their equations are $y=2x+2$ and $y=2x-3$, respectively.
> (두 평행선 l과 m 사이의 거리를 구하라.)
>
> 1) Graph the lines on a coordinate plane. Pick a point such as $P(0, 2)$ on line l.
> (두 선을 좌표평면 위에 그리고 선 l 위에 한 점 P를 표시한다.)
>
>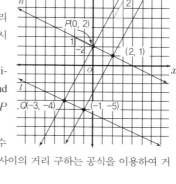
>
> 2) Draw a line perpendicular to l through P and find the distance between l and P using the distance formula.
> (점 P를 통과하며 선 l과 수직인 선을 그린 후 점과 선 사이의 거리 구하는 공식을 이용하여 거리를 구한다.)
>
> 3) Since line l has a vertical change of 2 units for a horizontal change of 1 unit, its slope is 2.(선 l의 기울기는 2)
> The slope of a line perpendicular to l is $-\dfrac{1}{2}$.
> (그러므로 선과 수직인 직선의 기울기는 $-\dfrac{1}{2}$.)
>
> From point P, go left 2 units and up 1 unit to $(-2, 3)$. Draw line n through $(0, 2)$ and $(-2, 3)$.
>
> Line n is perpendicular to lines l and m and appears to intersect line m at $(2, 1)$.

> Find the distance between (0, 2) and (2, 1).
> $d = \sqrt{(x_2-x_1)^2+(y_2-y_1)^2}$ (distance formula)
> $= \sqrt{(0-2)^2 + (2-1)^2} = \sqrt{5}$
> ∴ The distance between the lines is $\sqrt{5}$ or about 2.24 units.
> *Answer.*

distance formula, 두 점 사이의 거리 공식** The distance d between any two points with coordinates [좌표] (x_1, y_1) and (x_2, y_2) is given by the following formula [공식].

- 좌표 상의 두 점 사이의 거리를 구하는 공식.

$$d = \sqrt{(x_2-x_1)^2+(y_2-y_1)^2}$$

> EX Find the distance between the points with coordinates (3, 5) and (6, 4).
>
> *Solution*
> $d = \sqrt{(x_2-x_1)^2+(y_2-y_1)^2}$
> $= \sqrt{(6-3)^2+(4-5)^2}$
> $= \sqrt{3^2+(-1)^2}$
> $= \sqrt{10}$ or about 3.16 units   *Answer.*

distributive property of multiplication, 곱셈의 분배법칙** For all real numbers a, b, and c :

$$a(b+c)=ab+ac$$
$$(b+c)a=ba+ca$$

- 단항식과 다항식의 곱에서 분배법칙을 이용하여 하나의 다항식으로 전개한다.

divide, 나누다*** To perform [하다] the operation [계산] of

division.

–나누기를 하다.

dividend, 피제수** A quantity to be divided.

–나누어지는 수.

> EX 10÷5=2에서 10이 피제수(dividend)

dividing rational numbers, 유리수의 나눗셈* The quotient〔몫〕 of two *rational numbers*〔유리수〕 having the same sign〔부호〕 is positive〔양수〕. The quotient of two rational numbers having different signs is negative〔음수〕.

–같은 부호끼리 나눈 몫은 양수(positive)가 되고, 다른 부호끼리 나눈 몫은 음수(negative)가 된다.

division, 나눗셈*** The act or process of dividing.
$x \div y = x \cdot \dfrac{1}{y}$

–나누기를 하는 것.

division property for inequality, 부등식의 분배법칙* For all numbers a, b, and c, the following are true:

1. If c is positive〔양수〕 and $a<b$, then $\dfrac{a}{c}<\dfrac{b}{c}$, and if c is positive and $a>b$, then $\dfrac{a}{c}>\dfrac{b}{c}$.

2. If c is negative〔음수〕 and $a<b$, then $\dfrac{a}{c}>\dfrac{b}{c}$, and if c is negative and $a>b$, then $\dfrac{a}{c}<\dfrac{b}{c}$.

–부등식을 양수(positive)로 나누면 부등호의 방향은 그대로이고, 음수(negative)로 나눌 때에는 부등호의 방향이 바뀐다.

division property of equality, 등식의 분배 법칙* For any numbers a, b, and c, with $c \neq 0$, if $a = b$, then $\dfrac{a}{c} = \dfrac{b}{c}$.

- 두 수를 0이 아닌 같은 수로 나누어도 결과는 같다.

divisor, 제수** The number to be divided by.

- 나누는 수.

> EX 6÷2=3에서 2가 제수(divisor)이다. 이때 3은 몫(quotient).

dodecagon, 십이각형* A polygon [다각형] with 12 sides [변].

- 12개의 변(sides)으로 이루어진 다각형(polygon).

domain, 정의역(변역)** The set of all first coordinates [좌표] from the *ordered pairs* [순서쌍] in a relation.

- 관계성이 있는 순서쌍(ordered pair)들 중 첫 번째 좌표들.

> 참고 두 번째 좌표들은 range(치역)라 한다.
>
> EX Represent the relation shown in the graph at the right as a set of ordered pairs and determine the domain and range.
> (오른쪽 그래프로 표시된 점들의 순서쌍을 구하고 정의역(domain)과 치역(range)을 구하라.)
>
>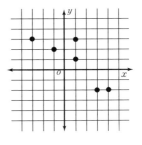
>
> *Solution*
> 1) The set of *ordered pairs*(순서쌍) is {(−3, 3), (−1, 2), (1, 1), (1, 3), (3, −2), (4, −2)}
> 2) The domain(정의역) for this relation is {−3, −1, 1, 3, 4}, and the range is {−2, 1, 2, 3}

edge, 모서리*　1. In a polyhedron〔다면체〕, a line segment in which a pair of faces〔면〕 intersect〔교차하다〕.

　-다면체(polyhedron)의 면이 교차하는 곳에 생기는 선분.

2. In graph theory, a path connecting two nodes〔맺힌점〕.

　-그래프이론에서 두 맺힌점을 연결하는 선.

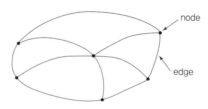

element, 원소**　A member of a set〔집합〕

　-집합(set)을 이루고 있는 값.

elimination, 소거**　The *elimination method*〔가감법〕 of solving a *system of equations*〔연립방정식〕 is a method that uses addition〔덧셈〕 or subtraction〔뺄셈〕 to eliminate〔제거하다〕 one of the variables〔문자〕 to solve for the other variable.

EX Use elimination(가감법) to solve the system of equations.
(가감법을 사용하여 연립방정식을 풀라.)

$$3x - 2y = 4$$
$$4x + 2y = 10$$

Solution

1) Since the coefficients(계수) of the y-terms(y항), -2 and 2, are *additive inverses*(덧셈에 대한 역원), we can solve the system by adding the equations.
(y항의 계수가 2와 -2로, 덧셈에 대한 역원(additive inverse)이 되므로 두 식을 더하여 방정식을 풀 수 있다.)

$$3x - 2y = 4$$
$$(+)\ 4x + 2y = 10$$
$$\overline{}$$
$$7x = 14$$
$$x = 2$$

2) Substitute 2 for x to find the value of y. (x에 2를 대입하여 y 값을 구한다.)

$$3(2) - 2y = 4$$
$$6 - 2y = 4$$
$$-2y = -2$$
$$y = 1$$

3) The solution set(해집합) is $(2, 1)$.

Answer.

— 두 식을 더하거나 빼서 문자 중 하나를 제거하여 연립방정식(system of equation)을 푸는 방법.

empty set, 공집합** The set [집합] with no elements [원소] in it.

— 해당되는 내용이 없는 집합.

equality, 등식*** A statement〔식〕, usually an equation〔방정식〕, that one thing equals〔동일한〕 another.

- 등호(equals sign, =)로 연결되어 있는 식.

equally likely(outcomes)* Outcomes〔결과〕 that have an equal chance of occurring〔일어나다〕.

- 그 결과가 나올 확률(probability)이 동등할 때를 말함.

equation, 방정식*** An equation〔방정식〕 is formed by placing an *equals sign*〔등호〕 between two numerical〔숫자〕 or variable〔문자〕 expression.

- 숫자(numbers) 또는 문자(variable)를 등호(equal sign)로 연결한 식.

> 참고 연립방정식은 system of equations라고 한다.

equation in two variables, 이원방정식* An equation〔방정식〕 that contains two unknown values〔미지수〕.

- 2개의 미지수가 존재하는 방정식.

equation mat* A frame〔틀〕 for cups and counters to solve an equation〔방정식〕.

- 컵과 카운터 그림을 그려서 방정식을 풀 때 그 틀을 말함.

equation models* A model of solving an equation using an equation mat.

- 방정식을 풀 때 equation mat을 사용하여 푸는 법.

EX Use an equation model to solve $r-2=3$.

Solution
1) Write the equation in the form of $r+(-2)=3$.
(방정식을 고쳐 쓴다.)
2) Place 1 cup and 2 negative counters on one side of the mat.
(한쪽에 컵과 2개의 (−) 카운터를 그린다.)
3) Place 3 positive counters on the other side of the mat.
(다른 쪽에 3개의 (+) 카운터를 그린다.)
4) Add 2 positive counters to each side to form zero pairs.
(양쪽에 2개의 (+) 카운터를 더해 주어 제로 쌍(zero pairs)을 만든다.)
5) Remove all the zero pairs. Then the cup on the left is matched with 5 positive counters. Therefore $r=5$.
(제로가 된 그룹을 제외하면 컵의 값은 5개의 (+) 카운터가 된다. 그러므로 $r=5$이다.) *Answer.*

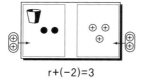

r+(−2)=3

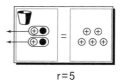

r=5

equiangular triangle, 정삼각형* A triangle with all angles congruent〔같은〕.

- 세 각의 크기가 같은 삼각형.

equidistant, 같은 거리의(등거리의)* The distance〔거리〕 between two lines measured along a *perpendicular line* 〔수직선〕 to the line is always the same.

- 두 선 사이의 수직거리가 같음을 말하는 것.

equilateral triangle, 정삼각형*** A triangle〔삼각형〕 with all sides〔변〕 of equal length and all angles〔각〕 of same measure.

– 세 변(side)의 길이와 세 각(angle)의 크기가 서로 같은 삼각형.

> 참고 A triangle is equilateral(세 변이 같은) if and only if it is equiangular(세 각이 같은).
> (세 변이 같은 삼각형의 세 각은 반드시 같다.)
>
> EX What is the measure of each angle of an *equilateral triangle*(정삼각형)?
> (정삼각형의 한 각의 크기는 얼마인가?)
>
> *Solution*
> Let x = the measure of each angle.
> (한 각의 크기를 x라 하자.)
> $x+x+x=180$
> $3x=180$
> $x=60$
> Each angle measures $60°$.　　　　　*Answer.*

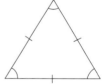

equivalent equation, 답이 같은 방정식* Equations〔방정식〕 that have the same solution〔답〕.

– 같은 답을 가진 방정식.

> EX $y+7=13(y=6)$과 $y+10=16(y=6)$은 equivalent equation이다.

equivalent expressions, 등치* Expressions〔식〕 that denote〔의미하다〕 the same number.

– 같은 값을 의미하는 두 식.

> EX $3x+8x$와 $11x$는 equivalent expression(등치)이다.

estimate, 어림잡다*** To calculate(계산하다) approximately(대략).

– 대강 계산하다.

evaluate, 값을 구하다*** To find the value of an expression(식) when the values of the variables(변수) are known.

– 변수의 값을 대입(substitute)하여 식의 값을 구하는 것.

even numbers, 짝수*** Numbers exactly divisible by 2.

– 2로 나누어지는 숫자들.

event, 사건** A successful result(or set of results) of a random experiment(실험).

– 우연이라고 여겨지는 실험을 시행한 결과.

event space, 표본공간* The set of all favorable outcomes(결과) of a random(우연한) experiment(실험).

– 우연한 실험이나 관찰(observation)의 모든 결과.

example, 보기*** A problem(문제) or exercise(연습문제) used to illustrate(설명해 주다) a principle(원칙) or method(방법).

– 어느 방법이나 원리를 설명해 주기 위해 사용되는 연습문제.

excluded value, 극값** A value(값) is excluded(제외되다)

from the domain〔영역〕 of a variable〔변수〕 because if that value was substituted〔대입〕 for the variable, the result would have a denominator〔분모〕 of zero.

- 분수식(fractional expression)에서 분모(denominator)를 0이 되게 하는 값으로, 이 값은 변수의 영역에서 제외된다.

EX State the excluded values of b in the following rational expression.

(다음 식에서 제외시켜야 할 b의 값을 구하라.)

$$\frac{7b}{b+5}$$

Solution
Exclude the values for which $b+5=0$.
(분모 $b+5$를 0이 되게 하는 값을 찾는다.)
$b+5=0$
$b=-5$ *Answer.*

---

exponent, 지수*** In an expression of the form x^n, the exponent is n.

- 어느 수의 몇 제곱인가를 나타내 주는 수.

EX 3^2에서 2가 지수(exponent)이다.

exponential decay, 감가상각* Decay〔줄어드는 것〕 in the quality or amount as time passes.

- 시간이 지남에 따라 원래보다 줄거나, 쇠퇴해 가는 현상.

참고 이 문제에 쓰이는 공식 : decay formula $A = C(1-r)^t$

EX Hyungkee needs to make a decision either to buy or lease a car. If he leases the car, he pays $369 a month for 2 years and then has the option to buy the car for $13,642. The price of the car now is $16,893. If the car depreciates at 17% per year, how will the depreciated price compare with the buyout price of the lease?

(형기가 차를 리스하면 2년간 매월 369불씩 지불한 후 그때 가서 원하면 $13,642에 그 차를 살 수 있다. 차가 매년 17% 비율로 감가상각될 때 2년 후 구입 가격과 2년 후의 감가상각 가격은 어떻게 비교될 수 있는가?)

Solution
Use the decay formular.
(감가상각을 계산하는 공식을 이용한다.)
$A = C(1-r)^t$
$\quad = 16,893(1-0.17)^2$
$\quad = 11637.59$

The depreciated value is $2,000 less than the buyout price.
(감가상각된 가치가 리스 후 구매 액수보다 2,000불 정도 낮다.)

Answer.

exponential function, 지수함수* A function [함수] that can be described by an equation of the form $y=a^x$, where $a > 0$ and $a \neq 1$.

-지수가 포함된 함수로서 이때 a는 0보다 커야 하며 1이 아니라야 한다.

exponential growth* Growth [함수] or increase in the quality or amount as time passes.

-시간이 지남에 따라 원래보다 증가하는 것.

EX 이 문제에 쓰이는 공식 : growth equation $A = C(1+r)^t$

expression, 식*** A collection of numbers〔수〕, *operation signs*〔계산 부호〕, and symbols of inclusion that stands for a number.

- 어느 숫자를 나타내 주는 일련의 수, 문자, 부호들로 이루어진 것.

Exterior Angle Inequality Theorem* If an angle〔각〕 is an *exterior angle*〔외각〕 of a triangle〔삼각형〕, then its measure〔값〕 is greater than the measure of either of its corresponding〔대응하는〕 remote〔떨어져 있는〕 *interior angles*〔내각〕.

- 삼각형의 한 외각(exterior angle)의 크기는 그와 붙어 있지 않은 다른 어느 내각(interior angle)의 값보다 크다.

EX Given(가정) $\angle 1$ is an *exterior angle*(외각) of $\triangle MNP$.

Prove(증명할 결론) $m\angle 1 > m\angle 4$
$m\angle 1 > m\angle 3$

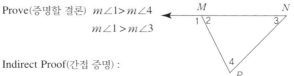

Indirect Proof(간접 증명) :

Step 1 : Make the assumption that $m\angle 1$ is not greater than $m\angle 3$ and $m\angle 1$ is not greater than $m\angle 4$. Thus, $m\angle 1 \leq m\angle 3$ and $m\angle 1 \leq m\angle 4$.
(증명해야 할 결론을 부정해 본다.)

Step 2 : We will only show that the assumption $m\angle 1 \leq m\angle 3$ leads to a contradiction, since the argument for $m\angle 1 \leq m\angle 4$ uses the same reasoning.

(부정해 놓은 두 결론 중 하나가 모순됨을 증명해 본다. 하나가 모순이면 다른 것도 마찬가지로 모순이 되므로.)

$m\angle 1 \leq m\angle 3$, means that either $m\angle 1 = m\angle 3$ or $m\angle 1 < m\angle 3$.

So, we need to consider both cases.

(∠1이 ∠3과 같을 경우와 ∠3보다 작을 경우 두 가지 경우를 생각해 본다.)

Case 1 : $m\angle 1 = m\angle 3$

Since $m\angle 3 + m\angle 4 = m\angle 1$ by the Exterior Angle Theorem, we have $m\angle 3 + m\angle 4 = m\angle 3$ by substitution. Then $m\angle 4 = 0$, which contradicts the fact that the measure of an angle is greater than 0.

(∠3과 ∠4의 합이 ∠1과 같으므로 ∠1이 ∠3과 같다면 ∠4는 0이 되므로 모순된다.)

Case 2 : $m\angle 1 < m\angle 3$

By the Exterior Angle Theorem, $m\angle 3 + m\angle 4 = m\angle 1$. Since angle measures are positive, the definition of inequality implies $m\angle 1 > m\angle 3$ and $m\angle 1 > m\angle 4$. This contradicts the assumption that $m\angle 1 \leq m\angle 3$ and $m\angle 1 \leq m\angle 4$.

(∠3과 ∠4의 합이 ∠1과 같으므로 ∠1이 ∠3보다 작을 수 없다.)

Step 3 : In both cases, the assumption leads to the contradiction of a known fact. Therefore, the assumption that $m\angle 1 \leq m\angle 3$ must be false, which means that $m\angle 1 > m\angle 3$ must be true. Likewise, $m\angle 1 > m\angle 4$.

(부정해 놓은 두 결론 중 하나가 거짓이 되므로 다른 것도 마찬가지로 거짓이 된다. 그러므로 ∠1은 ∠3이나 ∠4보다 크다는 결론이 참임이 증명된다.)

exterior angle of a polygon, 다각형의 외각* An angle that forms a *linear pair*〔같은 선 상에 있는 각〕 with one of the angles〔각〕 of the polygon〔다각형〕.

- 다각형의 한 각과 같은 선 상에 있는 각.

> EX   In the figure, ∠2 is an *exterior angle*(외각).
>
>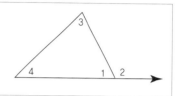

Exterior Angle Sum Theorem, 외각의 합에 관한 정리* If a polygon〔다각형〕 is convex〔볼록〕, then the sum〔합〕 of the measures of the *exterior angles*〔외각〕, one at each vertex〔꼭지점〕, is 360°.

- 볼록다각형(convex polygon)의 각 꼭지점(vertex)의 외각(exterior angle)의 합은 360도이다.

> EX   Find the measure(크기) of each *interior angle*(내각) and *exterior angle* (외각) of a *regular octagon*(정팔각형).
> (이 정팔각형의 각 내각과 외각을 구하라.)
>
>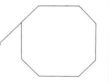
>
> *Solution*
> There are 8 exterior angles. (8개의 외각이 있으므로)
> According to the Exterior Angle Sum Theorem,
> (외각의 합에 관한 정리에 의하여)
> the measure of each exterior angle = $\frac{360°}{8} = 45°$.
> (각 외각의 크기는 45°이다.)
>
> As each exterior angle is supplementary(보각) to an interior angle, the measure of each interior angle=180−45=135.
> (외각과 내각은 보각이므로, 각 내각의 크기는 135°이다)

Exterior Angle Theorem, 외각정리* The measure of an *exterior angle*〔외각〕 of a triangle〔삼각형〕 is equal to the sum〔합〕 of the measures of the two remote interior angles.

– 삼각형의 외각(exterior angle)은 붙어 있지 않은 두 내각(interior angle)의 합과 같다.

exterior angles, 외각** In the figure, transversal〔횡단선〕 t intersects line l and m. The exterior angles are $\angle 3$, $\angle 4$, $\angle 5$, and $\angle 6$.

– 아래 그림에서 $\angle 3$, $\angle 4$, $\angle 5$, and $\angle 6$이 외각(exterior angle)이다.

참고 이때 $\angle 1$, $\angle 2$, $\angle 7$, $\angle 8$은 내각(interior angles)라 한다.

exterior point, 외점* 1. For a given angle, a point that is neither on the angle or in the interior〔내부〕 of the angle.

– 한 각의 내부나 각을 이루는 선 위에 있지 않은 점.

2. For a circle, a point whose distance〔거리〕 from the center of the circle is greater than the radius〔반지름〕 of the circle.

– 원에서 중점까지의 거리가 반지름(diameter)보다 큰 점.

external secant segment, 외할선* The part of a *secant segment*〔분할선 – 시컨트〕 that is exterior〔외부의〕 to the circle.

- 원의 외부에 있는 할선(시컨트) 부분.

참고 오른쪽 그림에서 선분 EA와 ED가 external secant segments이다. 이때 $\overline{EA} \cdot \overline{EC} = \overline{ED} \cdot \overline{EB}$이다.

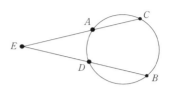

EX 1 Use the figure at the right to find $\overline{OG}$.

Let x represent $\overline{OG}$.
$\overline{LG} \cdot \overline{LO} = \overline{LE} \cdot \overline{LS}$
$3(x+3) = 4 \cdot 13$
$3x + 9 = 52$
$3x = 43$
$x = 14\frac{1}{3}$

Therefore, $\overline{OG} = 14\frac{1}{3}$.

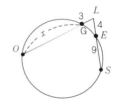

Answer.

EX 2 Use the figure at the right to find the value of x when segment $\overline{MA}$ is tangent to circle P.

(오른쪽 그림에서 선분 MA가 원 P의 접선일 때 x의 값을 구하라.)

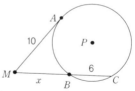

Solution

According to a theorem(정리) 'If a *tangent segment*(접선) and a *secant segment*(할선) are drawn to a circle from an exterior(외부) point, then the square(제곱) of the measures of the tangent segment is equal to the product(곱) of the measures of the secant segment and its external secant segment.',

('접선과 할선이 원의 외부로부터 그려질 때 접선의 제곱은 원의 내부에 있는 할선과 외부에 있는 할선의 곱과 같다.' 라는 정리에 의하여)

$(\overline{AM})^2 = \overline{MB} \cdot \overline{MC}$

$(10)^2 = x(x+6)$

$100 = x^2 + 6x$

$0 = x^2 + 6x - 100$

Use the quadratic formula(근의 공식) to find x.

$$x = \frac{-b \pm \sqrt{b^2 - 4ac}}{2a}$$

$$= \frac{-b \pm \sqrt{6^2 - 4(1)(-100)}}{2(1)} \quad (a=1, b=6, c=-100 이므로)$$

$$= \frac{-6 \pm \sqrt{436}}{2}$$

$$= \frac{-6 + \sqrt{436}}{2} \text{ or } \frac{-6 - \sqrt{436}}{2}$$

Disregard(제외시켜라) the negative(음수의) value.
(음수는 해당되지 않으므로)

$X \approx 7.4$ *Answer.*

extraneous solution, 무연근** The solution that satisfies the transformed[변형된] equation but not the original[본래의] one.

- 본래의 방정식을 변형시켜 얻어진 해(root)로서, 변형된 방정식은 만족시키나 본래의 방정식은 만족시키지 못하는 해(root).

EX Solve $\dfrac{x}{x-1} + \dfrac{2x-3}{x-1} = 2$.

Solution

Multiply each side by the LCD(최소공배수), $x-1$.
(양변을 $(x-1)$로 곱한다.)

$(x-1)(\dfrac{x}{x-1} + \dfrac{2x-3}{x-1}) = (x-1)2$

$(x-1)(\dfrac{x}{x-1}) + (x-1)(\dfrac{2x-3}{x-1}) = (x-1)2$

$x + 2x - 3 = 2x - 2$

$\quad\ \ 3x - 3 = 2x - 2$

$\qquad\ \ x = 1$

1 is an excluded value for x, thus this solution has no solution.
(이 식을 변형하여 나온 답 1은 분모를 0이 되게 하므로, 이것은 무연근(extraneous solution or false solution)이다.)

extreme values, 극값* The *least value* [극소값] and the *greatest value* [극대값] in a set of data [자료].

– 어느 자료(data)의 가장 작은 값과 가장 큰 값.

extremes, 외항** In the proportion [비례] $\dfrac{a}{b} = \dfrac{c}{d}$, a and d are the extremes [외항].

– 비례관계 $a:b=c:d$ 에서 바깥쪽에 있는 두 항 a와 d.

참고 이때 안쪽에 있는 b와 c는 내항(means)이라고 한다.

F

face, 면*** In a polyhedron〔다면체〕, the flat polygonal〔다각형〕 surfaces that intersect to form the edges〔모서리〕 of the polyhedron.

- 다면체의 면.

factor, 인수*** The quantities being multiplied in a multi-plication expression.

- c가 a와 b의 곱(product) $c = a \cdot b$로 표시될 때, a 및 b가 c의 인수(factor).

factored form,* A monomial〔단항식〕 is written in factored form when it is expressed as the product〔곱〕 of *prime numbers*〔소수〕 and variables〔변수〕 where no variable has an exponent〔지수〕 greater than 1.

- 소수(prime number)와 1차식 문자의 곱(product)으로만 표현된 단항식(monomial).

> EX Factor $45 x^3 y^2$.
> (factored form으로 표시하라.)

> *Solution*
> $45x^3y^2 = 3 \cdot 15 \cdot x \cdot x \cdot x \cdot y \cdot y$
> $\qquad\quad = 3 \cdot 3 \cdot 5 \cdot x \cdot x \cdot x \cdot y \cdot y$ *Answer*.

factorial, 팩토리얼(계승)* The product [곱] of all the *positive integers* [양의 정수] from 1 to a given number.

- 양의 정수 n에 대하여 최초의 n개 정수의 곱은 'n계승'이라 불리며 $n! = 1 \cdot 2 \cdot 3 \cdots\cdots (n-1) \cdot n$으로 쓴다.

> EX 4factorial은 4!라고 표시하며 $4! = 1 \times 2 \times 3 \times 4 = 24$.

factoring, 인수분해*** To express a polynomial [다항식] as the product [곱] of monomials [단항식] and polynomials.

- 다항식을 단항식과 다항식의 곱으로 나타내는 것

> EX Factor $20abc + 15a^2c - 5ac$.
> *Solution*
> Find the GCF(최대공약수).
> $20abc = 2 \cdot 2 \cdot 5 \cdot a \cdot b \cdot c$
> $15a^2c = 3 \cdot 5 \cdot a \cdot a \cdot c$
> $5ac = 5 \cdot a \cdot c$ $\qquad \therefore GCF$(최대공약수) is $5ac$.
> $20abc + 15a^2c - 5ac = 5ac(4b) + 5ac(3a) + 5ac(1)$
> $\qquad\qquad\qquad\qquad\quad = 5ac(4b + 3a + 1)$
> *Answer*.

factoring by grouping** A method of factoring [인수분해] polynomials [다항식] with four or more terms [항].

- 4개 이상의 항으로 된 다항식의 인수분해.

> EX Factor $12ac+21ad+8bc+14bd$.
> (인수분해하라.)
> *Solution*
> $12ac+21ad+8bc+14bd$
> $=(12ac+21ad)+(8bc+14bd)$
> $=3a(4c+7d)+2b(4c+7d)$
> $=(3a+2b)(4c+7d)$ *Answer.*

F

Fahrenheit temperature scale, 화씨온도** A temperature [온도] scale [온도] that was established by Fahrenheit and is expressed by °F.

– 독일의 Fahrenheit가 정한 것으로 °F로 표시한다.

> 참고 섭씨와 화씨(F) 사이에는 $C=\dfrac{5}{9}(F-32)$라는 식이 성립된다.

family of graphs, 그래프 족* A family of graphs includes graphs and equations [방정식] of graphs that have at least one characteristic [성질] in common [공통].

– 하나 이상의 공통점을 가진 그래프나 그래프 방정식들.

> 참고 이때 기본이 되는 그래프를 parent graph라고 한다.

flow proof* A proof [증명] which organizes a series of statements in logical [논리적] order, starting with the given statements. Each statement along with its reasons [이유] is written in a box. Arrows [화살표] are used to show how each statement leads to another.

- 주어진 명제로부터 시작하여 논리적으로 증명해 나가는 방법. 이때 각 단계의 명제를 이유와 함께 네모 칸에 넣고 화살표로 순서를 표시한다.

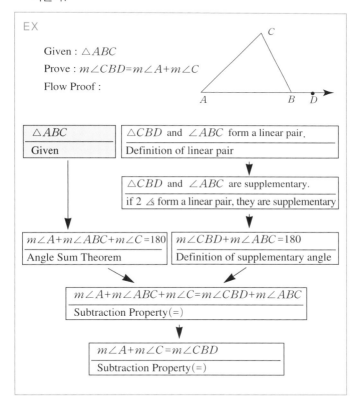

FOIL method, FOIL법* To multiply [곱하다] two *binomials* [이항식], find the sum [합] of the products [곱] of

F the *first terms* [첫 번째 항들을 곱하고]

O the *outside terms* [밖의 항끼리 곱하고]
I the *inside terms* [안쪽의 항끼리 곱한 후]
L the *last terms* [두 번째 항끼리 곱하여 모두 더한다.]

-두 이항식을 곱할 때 사용하는 방법.

> EX Find the product using FOIL method.
> $(x-4)(x+9)$
> *Solution*
> $(x-4)(x+9) = (x)(x) + (x)(9) + (-4)(x) + (-4)(9)$
> F O I L
> $ = x2 + 9x - 4x - 36$
> $ = x^2 + 5x - 36$ *Answer.*

foot, 피트*** A unit of length [길이] in the U.S.

-길이의 단위(ft.로 표시).

> 참고 1 foot = 12 inches
> 3 feet(ft.) = 1 yard (foot의 복수는 feet이다.)
> 5280 feet(ft.) = 1 mile

formula, 공식*** An equation [방정식] that states a rule about quantities such as measurements.

-계산 방법이나 법칙을 문자로 나타낸 식.

fractals, 차원분열도형* A figure [도형] generated [생기다] by repeating [반복하다] a special sequence of steps infinitely [무한히] Fractals often exhibit [보여주다] selfsimilarity.

-같은 스텝을 무한히 반복하여 생기는 도형.

참고 Sierpinski Triangle을 볼 것.

fraction, 분수*** An expression in the form $\frac{a}{b}$, $b \neq 0$.

- 정수(integer) a를 0이 아닌 정수 b로 나눈 몫(quotient) $\frac{a}{b}$.

fractional equation, 분수식** An equation (방정식) that has a variable (변수) in the denominator (분모) of one or more terms (항).

- 분수 형태로 된 방정식.

frequency, 도수, 빈도* The number of measurements (값) in an interval (주기) of a *frequency distribution* (도수분포).

- 도수분포에서 각 계급에 나타나는 자료의 개수.

frequency table, 도수분포표* A table (표) showing the frequencies (빈도) of measurements (값).

- 이를테면, 150명에 대한 성적을 10점 간격으로 정리한 것이 다음 표라고 할 때, 이러한 표를 도수분포표라고 한다.

계급	0~10	10~20	20~30	30~40	40~50	50~60	60~70	70~80	80~90	90~100
도수	14	10	20	19	25	23	14	11	7	7

function, 함수*** A set of *ordered pairs* (순서쌍) (x, y) for which there is never more than one value of y for any one given value of x.

— x에 대한 y의 값이 단 하나만 존재하는 관계.

> EX Determine(결정하라) whether $x - 4y = 12$ is a function.(함수)
>
> *Solution*
> Solve for y.
> $x - 4y = 12$
> $\quad -4y = -x + 12$
> $\qquad y = \dfrac{1}{4}x - 3$
>
> Next make ordered pairs using the equation.
> $(-8, -5)$, $(-4, -4)$, $(-2, -3.5)$, $(0, 3)$, $(2, -2.5)$, $(4, -2)$, $(8, -1)$
>
> There is only one value for y that satisfies the equation.
> Therefore, it is a function.
> (x에 대한 y값이 단 하나씩만 존재하므로 이 식은 함수이다.)
> *Answer.*

functional notation, 함수 표기* In functional notation, the equation $y = x + 5$ is written as $f(x) = x + 5$.

— 함수 식으로 표현하는 것.

gallon, 갈론** A unit〔부피〕 of volumn〔부피〕 in the U.S. used in liquid〔액체〕 measure.

- 액체(liquid)의 단위(unit).

> 참고 1 gallon=4 quarts
> $31\frac{1}{2}$ gallons=1 barrel

GCF(greatest common factor), 최대공약수*** The greatest common factor of two or more integers〔정수〕 is the greatest number that is a factor〔인수〕 of all the integers.

- 모든 항에 공통된 인수(factor) 중 가장 큰 것.

> EX Find the GCF(최대공약수) of the given monomials(단항식).
> $24d^2$, $30c^2d$
>
> *Solution*
> $24d^2 = 2 \cdot 2 \cdot 2 \cdot 3 \cdot d \cdot d$
> $30c^2d = 3 \cdot 5 \cdot 2 \cdot c \cdot c \cdot d$
> $\therefore GCF$ is $6d$. *Answer.*

general equation for exponential decay, 감가상각 방정식*

The *general equation*〔방정식〕 for exponential decay is represented by the formula〔공식〕 $A=C(1-r)^t$.

–감가상각(exponential decay)의 감소에 대한 방정식(equation).

> 참고 앞의 exponential decay를 참조할 것.

general equation for exponential growth, 감가상각 방정식*
The *general equation*〔방정식〕 for exponential growth is represented by the formula〔공식〕 $A=C(1+r)^t$.

–감가상각의 성장, 증가에 대한 방정식.

> 참고 앞의 exponential growth를 참조할 것.

geometric mean, 기하평균** The root〔제곱근〕 of the product〔곱〕 of two numbers is the *geometric mean*〔기하평균〕 of the two numbers.

–두 개의 수 a, b의 기하평균 $x=\sqrt{ab}$ 이다.

> EX 수 4, 9의 기하평균(geometric mean)은 $\sqrt{4\cdot 9}=\sqrt{36}=6$이다.

geometric probability, 기하확률* Involves using the principles of length and area to find the probability〔확률〕 of an event〔사건〕.

–길이(length)와 면적(area)을 사용해서 구하는 확률(probability).

geometric sequence, 등비수열* A sequence〔수열〕 in which the ratio〔비〕 of any term〔항〕 divided by the term before it is the same for any two terms.

−어떤 수에서 시작하여 차례로 일정한 수를 곱해서 만들어지는 수열(sequence).

> 참고 이때 곱한 일정한 수를 공비(common ratio)라 한다.
> 등비수열의 일반항을 구하는 공식은 $a_n = ar_{n-1}$ (a가 첫째 항, 공비가 r일 때)
>
> EX Write the next two terms in the geometric sequence 9, 3, 1, $\frac{1}{3}$, ····· and find the *common ratio*(공비).
> (이 등비수열의 다음에 나올 두 항을 구하고 공비를 구하라.)
>
> *Solution*
> Find the *common ratio*(공비).
> $$9r = 3 \quad r = \frac{1}{3}$$
> Next two terms are:
> $$\frac{1}{3} \cdot \frac{1}{3} = \frac{1}{9}, \quad \frac{1}{3} \cdot \frac{1}{9} = \frac{1}{27}$$
> *Answer*.

geometry, 기하학*** The Mathematics〔수학〕 of the properties〔속성〕, measurement〔값〕, and relationships〔관계〕 of points〔점〕, lines〔선〕, angles〔각〕, surfaces〔평면도형〕 and solids〔입체도형〕.

−도형의 성질에 관한 학문.

graph, 그래프, 그래프를 그리다*** To draw, or plot, the points named by certain numbers or *ordered pairs*〔순서쌍〕 on a *number line*〔수직선〕 or *coordinate plane*〔좌표평면〕, respectively〔각각〕.

－어느 수를 수직선에 표시하거나, 순서쌍(ordered pairs)으로 표시되는 점을 좌표평면(coordinate plane) 위에 그리는 것.

graphic method, 그래프를 사용해서 푸는 방법(식)** The method of solving a *system of equations*〔연립방정식〕by using graphs.

－그래프를 이용하여 연립방정식(system of equation)을 푸는 것.

graph theory, 그래프이론* The study of properties〔성질〕of figures consisting of points, called nodes〔맺힌점〕, and paths that connect the nodes in various ways.

－오른쪽 그림과 같은 네트워크에서 맺힌점(nodes)이나 그것들을 연결하는 선(edge)들로 이루어지는 도형의 성질을 연구하는 이론.

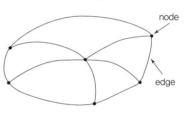

graphing calculators, 그래픽 캘큐레이터(계산기)*** Calculators that can perform various high level mathematical tasks〔과제〕.

－단순한 계산기보다 고도의 수학적 기능을 해주는 계산기.

great circle, 반구의 면* For a given sphere〔구〕, the intersection of the sphere〔구〕and a plane〔평면〕that contains the center〔중점〕of the sphere.

－구(sphere)의 중점(center)을 지나는 면.

greater than symbol, '~보다 크다'를 나타내는 부호*** A symbol〔부호〕 that shows one side is greater than the other side.

- '>'로 나타낸다.

greater than or equal to symbol, '~보다 같거나 크다'를 나타내는 부호*** A symbol〔부호〕 that shows one side is equal to or greater than the other side.

- '≧'로 나타낸다.

grouping symbol, 괄호들** A device used to enclose an expression〔식〕. parentheses〔소괄호〕, braces〔중괄호〕, brackets〔대괄호〕 and *fraction bars*〔분수 기호〕.

- 식의 일부를 묶어 주는 부호들.

guess-and-check strategy* A problem-solving strategy〔방법〕 in which several values or combinations of values are tried in order to find a solution〔답〕 to a problem〔문제〕.

- 문제를 풀 때 답을 짐작해서 집어넣어 보면서 구하는 방법.

HA(Hypotenuse-Angle), HA 합동* If the hypotenuse〔빗변〕 and an *acute angle*〔예각〕 of one *right triangle*〔직각삼각형〕 are congruent〔합동〕 to the hypotenuse and a corresponding〔대응하는〕 acute angle of another right triangle, then the two triangles〔삼각형들〕 are congruent.

– 빗변(hypotenuse)과 한 예각(acute angle)이 같은 두 직각삼각형(right triangles)은 합동(congruent)이다.

half-life, 반감기* The time it takes for one-half a quantity of a *radioactive element*〔방사능원소〕 to decay〔소모되다〕.

– 방사능원소(radioactive element)가 절반이 소모되는 데 걸리는 시간.

half-plane, 반평면* The region〔영역〕 of a graph on one side of a boundary〔경계선〕.

– 평면(plane)을 직선으로 나누었을 때 각각 한쪽을 일컫는 말.

hands-on activities, 실습* Activities〔영역〕 performed using hands to learn something.

– 직접 손으로 해보는 활동들.

height, 높이, 키** The distance[거리] from the base[밑변] to the vertex[꼭지점] of a triangle[삼각형].

– 삼각형(triangle)의 꼭지점(vertex)으로부터 그 밑변(base)에 그은 수직선(perpendicular line)의 길이.

hemisphere, 반구* One of the two congruent[합동인] parts into which a great circle separates a given sphere[구].

– 구(sphere)를 반으로 나눈 것.

heptagon, 칠각형* A Polygon[다각형] having seven sides[변].

– 7개의 변으로 이루어진 다각형(polygon).

hexagon, 육각형* A Polygon[다각형] having six sides[변].

– 6개의 변으로 이루어진 다각형(polygon).

HL(Hypotenuse-Leg), HL 합동* If the hypotenuse[빗변] and a leg[변] of one *right triangle*[직각삼각형] are congruent[합동] to the hypotenuse and *corresponding leg*[대응변] of another right triangle, then the triangles[삼각형들] are congruent.

– 빗변(hypotenuse)과 다른 한 변이 같은 두 직각삼각형(right triangles)은 합동(congruent)이다.

horizontal axis, 수평축(x축)*** The *horizontal line*[수평선] in a graph that represents the *independent variable*[독립

변수).

- 그래프에서 독립변수(independent variable) x를 나타내는 축(axis).

hypotenuse, 빗변*** The side of a *right triangle*〔직각삼각형〕 opposite〔마주 보는〕 the *right angle*〔직각〕.

- 직각삼각형의 직각(right angle)을 마주 보는 변.

> EX 오른쪽의 직각삼각형(right triangle)에서 선분 AC가 빗변(hypotenuse)이다.
>
>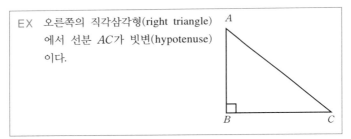

hypothesis, 가정*** In a *conditional statement*〔조건문〕, the statement that immediately follows the word if.

- 조건문에서 if 다음에 나오는 말.

I

If and only If, 필요충분조건* When both a conditional〔조건문〕 and its converse〔역〕 are true.

- 조건문과 그 역(converse)이 다 참인 경우.

identify, 지적하다, 알아내다.** To establish〔설정하다〕 the identity〔정체성〕 of.

- 조건에 맞는 것을 알아내다.

identity, 항등식** An equation〔방정식〕 that is true for all values of the variable〔문자〕.

- 문자에 어떤 값을 대입(substitute)해도 항상 성립하는 등식.

if-then statement, 조건문* A compound statement of the form 'if A, then B', where A and B are statements.

> 참고 conditional statements 또는 conditionals라고도 한다.

illustrated, 그림으로 나타난, 그림으로 설명된*** To be clarified〔설명되다〕 as by use of examples〔예〕 or comparisons

〔비교〕.

- 예를 들거나 비교를 하여 분명하게 설명하다.

image, 상(사상(寫像))* The result of a transformation〔변환〕. If A is mapped onto A', then A' is called the image of A. The preimage〔이전 이미지〕 of A' is A.

- 변형시켜서 생긴 상.

inch, 인치*** A unit〔단위〕 of length〔길이〕 used in the U.S.

- 길이의 단위.

> 참고 1 inch = $\frac{1}{12}$ ft = 2.45 centimeters

included angle, 끼인각** In a triangle〔삼각형〕, the angle formed by two sides is the *included angle*〔끼인각〕 for these two sides.

- 삼각형의 두 변 사이의 각.

> 참고 SAS Postulate(Side-Angle-Side)
> 두 변과 끼인각이 서로 같은 두 삼각형은 합동이다.

included side, 끼인변** The side of a triangle〔삼각형〕 that forms a side of two given angles.

- 삼각형의 두 각 사이의 변.

incomplete network, 불완전 네트워크* In graph theory, a network with at least one pair of nodes not connected by an edge.

– 그래프이론에서 서로 연결되지 않은 맺힌점(node)이 있는 것.

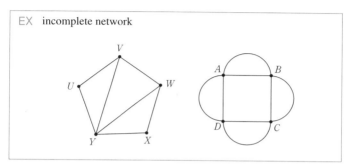

EX   incomplete network

inconsistent(systems of equations), 불능** A *system of equations*〔연립방정식〕 is said to be inconsistent〔불능〕 when it has no *ordered pair*〔순서쌍〕 that satisfies both equations 〔방정식〕.

– 두 식을 다 만족시키는 해집합이 없는 연립방정식.

참고 두 그래프가 평행(parallel)할 경우 해집합(solution set)이 없으므로 불능(inconsistent)이 된다.
최소한 한 개의 순서쌍(ordered pair)을 답으로 가지는 연립방정식(system of equation)은 'consistent' 하다고 한다.

independent events, 독립사건* The events〔사건들〕 that do not affect〔영향을 끼치다〕 each other.

– 서로 영향을 미치지 않는 사건들.

참고 서로 영향을 끼칠 때 종속사건(dependent events)이라 한다.

Independent(systems of equations), 일반적 연립방정식* A *system of equations*〔연립방정식〕 is said to be independent if the system has exactly one solution〔답〕.

– 답이 하나만 존재하는 연립방정식(system of equation).

independent variable(quantity), 독립변수** Variable〔변수〕 that the *dependent variable*〔종속변수〕 depends on. The *independent variable*〔독립변수〕 affects〔영향을 끼치다〕 the value〔값〕 of the dependent variable.

– 종속변수(dependent variable)의 값을 결정하는 변수(variable).

index, 지수* A number derived〔구해진〕 from a formula〔공식〕, used to characterize〔속성을 알아보다〕 a set of data in comparison〔비교〕 with the standard set of data.

– 물가나 임금 등과 같이 해마다 변화하는 것의 변하는 모양을 알기 쉽도록 하기 위해, 어느 해의 수량을 기준으로 잡아 이것을 100으로 하고 그것에 대한 다른 해의 수량의 비율을 나타낸 수치.

indirect proof, 간접 증명** Proof〔증명〕 by contradiction〔모순〕. In an indirect proof, one assumes〔가정하다〕 that the statement〔명제〕 to be proved is false〔거짓〕. One then uses logical reasoning to deduce a statement that contradicts〔모순되다〕 a postulate〔공리〕, theorem〔정리〕, or one of the assumptions〔가정〕. Once a contradiction is obtained, one concludes〔결론짓다〕 that the statement assumed false must in fact be true〔참〕.

– 결론(conclusion)을 거짓(false)이라고 가정한 후에, 그 가정이

맞지 않음을 증명함으로써 결론이 참(true)임을 증명하는 방법.

> 참고 Steps for Writing an Indirect Proof(간접 증명의 절차)
>
> 1) Assume(가정한다) that the conclusion(결론) is false(거짓).
> (증명해야 할 결론을 거짓이라고 가정해 본다.)
>
> 2) Show that the assumption(가정) leads to a contradiction(모순) of the hypothesis(주어진 가설) or some other fact, such as a postulate(공리), theorem(정리), or corollary(계).
> (부정해 놓은 결론이 주어진 가설이나 정리들과 모순됨을 보인다.)
>
> 3) Point out that the assumption(가정) must be false(거짓) and, therefore, the conclusion(결론) must be true(참).
> (결론을 부정하면 가정과 모순이 되므로, 이 결론은 참이어야 한다.)
>
> EX Given(가정) :
>
> $\angle 1$ is an *exterior angle*(외각) of $\triangle MNP$.
>
> Prove(증명할 결론):
>
> $m\angle 1 > m\angle 4$
> $m\angle 1 > m\angle 3$
>
>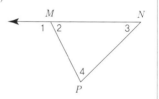
>
> Indirect Proof(간접 증명) :
>
> **Step 1** : Make the assumption that $m\angle 1$ is not greater than $m\angle 3$ and $m\angle 1$ is not greater than $m\angle 4$. Thus, $m\angle 1 \leq m\angle 3$ and $m\angle 1 \leq m\angle 4$.
> (증명해야 할 결론을 부정해 본다.)
>
> **Step 2** : We will only show that the assumption $m\angle 1 \leq m\angle 3$ leads to a contradiction, since the argument for $m\angle 1 \leq m\angle 4$ uses the same reasoning.
> (부정해 놓은 두 결론 중 하나가 모순됨을 증명해 본다. 하나가 모순이면 다른 것도 마찬가지로 모순이 되므로.)

$m\angle 1 \leq m\angle 3$, means that either $m\angle 1 = m\angle 3$ or $m\angle 1 < m\angle 3$.

So, we need to consider both cases.

(∠1이 ∠3과 같을 경우와 ∠3보다 작을 경우 두 가지 경우를 생각해 본다.)

Case 1 : $m\angle 1 = m\angle 3$

Since $m\angle 3 + m\angle 4 = m\angle 1$ by the Exterior Angle Theorem, we have $m\angle 3 + m\angle 4 = m\angle 3$ by substitution. Then $m\angle 4 = 0$, which contradicts the fact that the measure of an angle is greater than 0.

(∠3 과 ∠4 의 합이 ∠1과 같으므로 ∠1이 ∠3과 같다면 ∠4는 0이 되므로 모순된다.)

Case 2 : $m\angle 1 < m\angle 3$

By the Exterior Angle Theorem, $m\angle 3 + m\angle 4 = m\angle 1$. Since angle measures are positive, the definition of inequality implies $m\angle 1 > m\angle 3$ and $m\angle 1 > m\angle 4$. This contradicts the assumption that $m\angle 1 \leq m\angle 3$ and $m\angle 1 \leq m\angle 4$.

(∠3과 ∠4의 합이 ∠1과 같으므로 ∠1이 ∠3보다 작을 수 없다.)

Step 3 : In both cases, the assumption leads to the contradiction of a known fact. Therefore, the assumption that $m\angle 1 \leq m\angle 3$ must be false, which means that $m\angle 1 > m\angle 3$ must be true. Likewise, $m\angle 1 > m\angle 4$.

(부정해 놓은 두 결론 중 하나가 거짓이 되므로 다른 것도 마찬가지로 거짓이 된다. 그러므로 ∠1은 ∠3이나 ∠4보다 크다는 결론이 참임이 증명된다.)

indirect reasoning, 귀류법* Reasoning that assumes[가정하다] the conclusion[결론] is false[거짓] and then shows that this assumption[가정] leads to a contradiction[모순] of the hypothesis〔가설〕 or some other accepted fact, like a postulate〔공리〕, theorem〔정리〕, or corollary〔계〕. Then, since the assumption has been proved false, the conclusion must be true〔참〕.

-결론(conclusion)을 거짓(false)이라고 가정한 후에, 그 가정이 맞지 않으므로 결론은 참(true)이라고 생각하는 방법.

inductive reasoning, 귀납법** Reasoning that uses a number of specific examples to arrive at a plausible〔그럴듯한〕 generalization〔일반화〕 or prediction〔예측〕. Conclusions〔결론〕 arrived at by *inductive reasoning*〔귀납법〕 lack the logical certainty of those arrived by *deductive reasoning*〔연역법〕.

-몇 가지 사례들을 이용하여 결론(conclusion)을 지어내는 것. 귀납법(inductive reasoning)으로 만들어지는 결론은 연역법(deductive reasoning)으로 나온 결론보다 논리적(logical) 확실성(certainty)이 부족하다.

inequalities, 부등식*** A statemenet formed by placing an *inequality symbol*〔부등호〕 between two numerical〔숫자〕 or *variable expressions*〔문자식〕.

-부등호(inequality symbol)로 연결된 식.

inequality symbol, 부등호*** Symbols〔부호〕 used to show the order of pairs of real numbers. $<$, $\leq$, $>$, $\geq$.

-수의 대소를 나타내는 기호.

> 참고 The symbol ≠ reads(읽는다) 'is not equal to.'

inscribed angle, 내접각** An angle having its vertex〔꼭지점〕 lie on a given circle and containing two chords〔현〕 of the circle.

– 꼭지점이 원 위에 있고 그 원의 두 현으로 이루어진 각.

> EX1 그림의 ∠FAB가 inscribed angle이다.
>
>
>
> 참고 Theorems(정리들) about *inscribed angle*(내접각)
> 1. If an angle(각) is inscribed(내접하다) in a circle(원), then the measure(크기) of the angle equals one-half the measure of its intercepted arc(호).
> (한 각이 원에 내접할 때 그 각의 크기는 그 각으로 인해 생기는 호의 크기의 반이다.)
> 2. If an *inscribed angle*(내접각) of a circle intercepts a semi-circle(반원), then the angle is a *right angle*(직각).
> (내접각이 반원을 만들 때 그 각은 직각이다.)
>
> EX2 In the circle at the right, the measure of $\widehat{ST}$ equals 72. Find $m\angle 1$ and $m\angle 2$.
>
>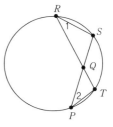
>
> *Solution*
> According to the theorem about inscribed angle,
> $$m\angle 1 = \frac{1}{2}(72) = 36$$

$$m\angle 2 = \frac{1}{2}(72) = 36$$

Therefore $m\angle 1 = m\angle 2 = 36$. *Answer.*

inscribed circle, 내접원** A circle inside a polygon〔다각형〕 whose sides all circumscribe〔외접하다〕 around the circle.

- 다각형(polygon)의 모든 변이 원에 외접(circumscribe)할 때, 그 원을 내접원(inscribed circle)이라 한다.

EX 그림의 원 O가 오각형 $ABCDE$의 내접원(inscribed circle)이다. 이때 그 다각형을 외접다각형(circumscribed polygon)이라 한다.

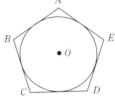

inscribed polygon, 내접다각형** A polygon〔다각형〕 is inscribed〔내접하다〕 in a circle if each of its vertices〔꼭지점〕 lie on the circle.

- 모든 꼭지점(vertices)이 원 위에 있는 다각형(polygon).

EX 그림의 사각형 $PQRS$가 inscribed polygon이다. 이때 그 원은 외접원(circumscribed circle)이라 한다.

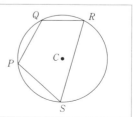

inscribed quadrilateral, 내접사각형* If a quadrilateral〔사각형〕 is inscribed〔내접하다〕 in a circle〔원〕, then its *opposite angles*〔대각〕 are supplementary〔보각이다〕.
 - 원에 내접하는 사각형의 대각들은 보각이다.

insert, 대입하다*** To put into, between or among; to replace〔대입하다〕.
 - 무언가를 대신 넣다.

integers, 정수*** The numbers in the set {······,−3, −2, −1, 0, 1, 2, 3, ······}.
 - 양의 정수(positive integers) 또는 자연수(natural numbers), 0(zero), 음의 정수(negative integers)를 합친 것.

intercept, 절편*** The coordinate〔좌표〕 of a point at which a line〔직선〕, curve〔곡선〕, or surface〔평면〕 intersects〔교차하다〕 a *coordinate axis*〔좌표축〕.
 - 한 직선이 x축(x-axis) 및 y축(y-axis)과 만나는 점.

> 참고 x축과 만나는 점 $(a, 0)$을 x절편(x-intercept), y축과 만나는 점 $(0, b)$를 y절편(y-intercept)이라 한다.
> x절편이 a이고, y절편이 b인 직선의 방정식은 $\dfrac{x}{a} + \dfrac{x}{b} = 1$이다.

intercepted arc* An angle intercepts an arc〔호〕 if and only if each of the following conditions holds.
 1. The endpoints〔끝점〕 of the arc〔호〕 lie on the angle.
 2. All points of the arc〔호〕, except the endpoints〔끝점〕,

are in the interior of the circle.
3. Each side of the angle contains an endpoint of the arc.

- 어느 호(arc)의 끝점이 그 각 선상에 있고, 호의 끝점을 제외한 모든 점이 원의 내부에 있으며, 그 각의 양변이 호의 끝점을 포함할 때 그 호를 'intercepted arc'이라고 한다.

intercepts method, 절편을 이용해 그리는 방법** A technique for graphing a *linear equation* 〔일차방정식〕 by locating the x-intercepts and y-intercepts 〔절편〕.

- 절편을 이용하여 일차방정식의 그래프를 그리는 방법.

> EX Myungho is buying a *used car*(중고차) from his friend for $4,500. He agreed to pay his friend $150 each month. The equation $y = 4500 - 150x$ represents the amount owed, y, after x payments. Graph the equation by finding the intercepts(절편).
> (명호는 친구로부터 중고차를 4,500불에 구입하기로 했다. 그는 친구에게 매월 150불씩 지불하기로 하였다. 남은 액수를 계산하는 방정식 $y=4500-150x$의 절편을 구하여 그래프를 그려라.)
>
> *Solution*
> First write the equation(방정식) in standard form.
> $$y = 4500 - 150x$$
> $$150x + y = 4500$$
>
> Let $x = 0$ to find the y-intercept(y절편).
> $$150(0) + y = 4500$$
> $$y = 4500$$
>
> Let $y = 0$ to find the x-intercept(x절편).
> $$150x + 0 = 4500$$

$$150x = 4500$$
$$x = 30$$

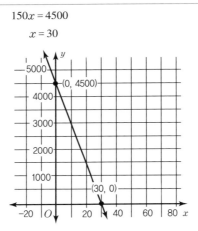

The x-intercept is 30, and the y-intercept is 4500. To graph $150x + y = 4500$, plot (30, 0) and (0, 4500) and draw a line through the points.
(두 절편을 이용하여 그래프를 그린다.)

interest, 이자*** The monetary [금전적] gain [이익] for invested [투자된] money.

– 원금을 투자(invest)하여 얻어지는 이익.

참고 simple interest(단리)와 compound interest(복리) 참조.

Interior Angle Sum Theorem, 내각의 합 정리** If a *convex polygon* [볼록다각형] has n sides and S is the sum [합] of the measures [크기] of its *interior angles* [내각], then $S = 180(n-2)$.

- n개의 변을 가진 볼록다각형(convex polygon)의 내각(interior angle)의 합 $S = 180(n-2)$ 이다.

number of sides	name of polygon	sum of interior angles
3	triangle	$(3-2) \cdot 180 = 180$
4	quadrilateral	$(4-2) \cdot 180 = 360$
5	pentagon	$(5-2) \cdot 180 = 540$
6	hexagon	$(6-2) \cdot 180 = 720$
7	heptagon	$(7-2) \cdot 180 = 900$
8	octogon	$(8-2) \cdot 180 = 1080$
9	nonagon	$(9-2) \cdot 180 = 1260$
10	decagon	$(10-2) \cdot 180 = 1440$
12	dodecagon	$(12-2) \cdot 180 = 1800$
n	n-gon	$(n-2) \cdot 180$

interior angles, 내각** In the figure, transversal [횡단선] t intersects [교차하다] line l and m. The interior angles are $\angle 1$, $\angle 2$, $\angle 7$, and $\angle 8$.

- 오른쪽 그림에서 $\angle 1$, $\angle 2$, $\angle 7$, $\angle 8$이 내각이다.

Interquartile range, 사분 범위* The difference [차] between the upper quartile ($\frac{3}{4}$) and the lower quartile ($\frac{1}{4}$) of a set of data. It represents the middle half or 50% of the data in the set.

- 자료의 $\frac{1}{4}$ 지점에 있는 값과 $\frac{3}{4}$ 지점에 있는 값 사이의 차이. 총 자료의 50%가 이 범위에 속함.

intersection, 교집합** The intersection of sets A and B is the set of numbers in both sets〔집합〕.

– 두 집합에 다 속해 있는 원소(element)의 집합.

interval, 구간** A space between units〔단위〕 on a *number line* 〔수직선〕.

– 어느 자료(data)를 수직선(number line) 상에 표시할 때 그 수직선(number line)을 나누는 계급을 의미한다.

inverse, 역원** The reciprocal〔역수〕 or negative〔음수〕 of a certain number or quantity〔수량〕.

– 더해서 0이 되거나 곱해서 1이 되는 수.

> 참고 additive inverse(덧셈에 대한 역원), multiplicative inverse(곱셈에 대한 역원) 참조.

inverse of a conditional, 안짝* The inverse of a statement〔명제〕 is obtained〔얻어진다〕 by negating〔부정하다〕 both the hypothesis〔가정〕 and conclusion〔결론〕.

– 조건문(conditional) $p \rightarrow q$에 대해, 조건문 $\sim p \rightarrow \sim q$를 inverse 라 한다.

> 참고 참 조건문(true statement)의 inverse는 true(참)가 아닐 수도 있다.

inverse of a relation* The inverse of any relation is obtained by switching the coordinates〔좌표〕 in each *ordered pair*

〔순서쌍〕.

-x좌표(x-coordinate)와 y좌표(y-coordinate)를 바꾸어 놓은 것.

EX Relation (1, 4)의 inverse(역원)는 (4, 1)이다.

inverse variation function, 반비례(역비례)* A function〔함수〕 defined by an equation of the form $xy=k$, where k is a nonzero constant〔상수〕.

-한 값이 커질 때 다른 값은 일정한 비율로 적어지는 관계.

참고 inverse proportion이라고도 한다.

involving, 포함하는*** Containing〔포함하는〕 as a part.

-무엇인가를 포함하는.

irrational numbers, 무리수*** *Real numbers*〔실수〕 that cannot be expressed in the form $\frac{a}{b}$, where a and b are integers〔정수〕.

-두 정수(integers)의 비(ratio), 즉 분수(fraction) 형태로 나타낼 수 없는 수.

EX $\sqrt{2}$, $\sqrt[3]{5}$ 등.

isometry, 등장(等長), 같은 치수의** A mapping for which the original figure and its image are congruent〔합동인〕.

-원래의 도형과 변환된 이미지가 같은 사상(寫像).

참고 congruence transformation(합동변환)이라고도 한다.

EX Show that $\triangle WNR \to \triangle KAP$ in the coordinate plane at the right is an isometry.
(다음 사상(mapping)이 등장(isometry)임을 증명하라.)

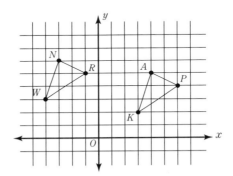

Use the distance formula to show that the sides of $\triangle WNR$ are congruent to the sides of $\triangle KAP$.
(거리 구하는 공식을 이용하여 두 도형의 변이 합동임을 증명한다.)

The coordinates are $W(-4, 3)$, $N(-3, 6)$, $R(-1, 5)$, $K(3, 2)$, $A(4, 5)$, and $P(6, 4)$.

Use the distance formula to find the measure of each side.

$$WN = \sqrt{(-4+3)^2 + (3-6)^2} \text{ or } \sqrt{10}$$
$$NR = \sqrt{(-3+1)^2 + (6-5)^2} \text{ or } \sqrt{5}$$
$$WR = \sqrt{(-4+1)^2 + (3-5)^2} \text{ or } \sqrt{13}$$
$$KA = \sqrt{(3-4)^2 + (2-5)^2} \text{ or } \sqrt{10}$$
$$AP = \sqrt{(4-6)^2 + (5-4)^2} \text{ or } \sqrt{5}$$
$$KP = \sqrt{(3-6)^2 + (2-4)^2} \text{ or } \sqrt{13}$$

Since the measures of the corresponding sides are equal, $\overline{WN} = \overline{KA}$, $\overline{NR} = \overline{AP}$, and $\overline{WR} = \overline{KP}$. So, the corresponding sides are congruent, and $\triangle WNR \cong \triangle KAP$ by SSS(세 변이 같은 합동).
(세 변의 길이가 같으므로 두 도형은 합동이다.)

Therefore, the mapping of $\triangle WNR \rightarrow \triangle KAP$ is a *congruence transformation*(합동변환) or an isometry(등장).

(그러므로 이 사상(mappint)은 합동변환(congruence transformation) 혹은 isometry(등장)이다.)

isosceles trapezoid, 등변사다리꼴**

A trapezoid〔사다리꼴〕 in which the legs are congruent〔같은〕. Both pairs of *base angles*〔밑각〕 are congruent and the diagonals〔대각선〕 are congruent.

- 두 변과 밑각, 대각선(diagonal)이 같은 사다리꼴(trapezoid).

isosceles triangle, 이등변삼각형***

A tringle〔삼각형〕 having at least two sides〔변〕 equal in length and at least two angles〔각〕 equal in measure.

- 두 변과 두 각이 같은 삼각형.

참고 The *third side*(세 번째 변) is called the base(밑변) and the *adjoining angles*(접해 있는 각들) are the *base angles*(밑각).

EX What are the measures of the *base angles*(밑각) of an *isoceles triangle*(이등변삼각형) in which the *vertex angle*(꼭지각) measures $45°$?

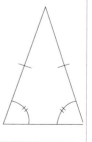

173

(꼭지각이 45도인 이등변삼각형의 밑각을 구하라.)

Solution
Let x=the measure of each base angle.(밑각의 크기를 x라 하자.)
$x+x+45=180$ (삼각형의 세 각의 합은 180도이다.)
$\quad 2x+45=180$
$\qquad 2x=135$
$\qquad\ x=67.5°$ *Answer*.

Isosceles Triangle Theorem, 이등변삼각형 정리* If two sides〔변〕 of a triangle〔삼각형〕 are congruent〔합동〕, then the *opposite angles*(대각) of those sides are congruent.

– 두 변의 길이가 같으면 이 두 변의 대각(opposite angles)의 크기는 같다.

EX In isosceles triangle $\triangle BAC$, $m\angle A=5x-45$ and $m\angle C=2x+21$. Find the measure of each angle of the triangle.

Solution
$m\angle A=m\angle C$ (Isosceles Triangle Theorem에 의하여)
Therefore, $5x-45=2x+21$
$\qquad\quad 3x=66$
$\qquad\quad\ x=22$
$m\angle A=5(22)-45=65$
$m\angle C=2(22)+21=65$
$m\angle B=180-65-65=50$
The measures of $\angle A$, $\angle C$, and $\angle B$ are 65, 65, and 50, respectively(각각).

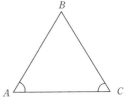

Answer.

iteration, 반복* A process of repeating〔반복〕 the same procedure〔과정〕 over and over again.

−같은 과정을 계속 반복하는 과정.

L

LA(Leg-Angle), LA 합동(직각삼각형에서)* If one leg〔변〕 and an *acute angle*〔예각〕 of one *right triangle*〔직각삼각형〕 are congruent〔합동〕 to the corrresponding〔대응하는〕 leg and acute angle of another right triangle, then the triangles〔삼각형들〕 are congruent〔합동이다〕.

− 한 변과 한 예각(acute angle)이 같은 두 직각삼각형은 합동이다.

lateral area, 옆면적** For prisms〔각기둥〕, pyramids〔각뿔〕, cylinders〔원기둥〕 and cones〔원뿔〕, the area of the figure not including the bases〔밑면〕.

− 각기둥, 각뿔, 원기둥, 원뿔의 밑면을 제외한 표면의 면적.

참고 전체 표면의 면적은 surface area라고 한다.

EX Find the *lateral area*(옆면적) and the surface(표면적) of a right *triangular prism*(직삼각기둥) with a height(높이) of 20 inches and a right triangular base with legs of 8 and 6 inches.

Solution
First, use the Pythagorean Theorem to find the measure of the hypotenuse, c.

(피타고라스 정리를 이용하여 빗변 c의 길이를 구한다.)

$c^2 = 6^2 + 8^2$

$c^2 = 100$

$c = 10$

Next, use the value of c to find the perimeter(둘레).

$P = 6 + 8 + 10$ or 24

$L = Ph$

   $= 24 \cdot 20 = 480 \text{in}^2$ ← lateral area(옆면적)

Now find the area of a base.

$B = \dfrac{1}{2} Bh$

$B = \dfrac{1}{2}(6)(8)$ or 24 in^2

Finally, find the *surface area*(겉넓이).

$T = Ph + 2B$

$T = 24 \cdot 20 + 2 \cdot 24$ or 528 in^2 ← surface area(겉넓이)

lateral edge, 모선** 1. In a prism[각기둥], the intersection[만나는 부분] of two adjacent *lateral faces*[옆면]. Lateral edges are parallel segments that join corresponding vertices[꼭지점들] of the bases[밑면].

- 각기둥의 두 옆면이 만나는 선을 말함.

EX 오른쪽 그림 참조.

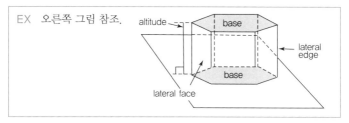

2. In a pyramid〔각뿔〕, lateral edges are the edges of the *lateral faces*〔옆면〕 that join the vertex〔꼭지점〕 to vertices〔꼭지점들〕 of the base〔밑면〕.

- 각뿔의 꼭지점과 밑면의 꼭지점들을 연결하는 선.

EX 오른쪽 그림 참조.

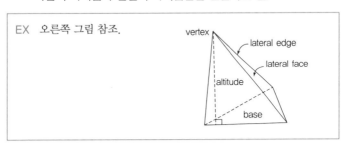

lateral faces, 옆면** 1. In a prism〔각기둥〕, a face〔면〕 that is not a base〔밑면〕 of the figure.

- 각기둥의 밑면이 아닌 면.

2. In a pyramid〔각뿔〕, faces〔면〕 that intersect〔교차하다〕 at the vertex〔꼭지점〕.

- 각뿔의 꼭지점에서 만나는 면들.

EX 위 그림 참조.

Law of Cosines, 코사인법칙*** Let $\triangle ABC$ be any triangle with a, b, and c representing the measures of sides opposite the angles with measures A, B and C, respectively. Then the following equations hold true.

$a^2 = b^2 + c^2 - 2bc\ cosA$
$b^2 = a^2 + c^2 - 2ac\ cosB$

$c^2 = a^2 + b^2 - 2ab\ cosC$

- 삼각형의 변과 각의 관계를 코사인함수로 나타낸 정리.

> 참고 코사인법칙은 세 변의 길이를 알거나 두 변과 끼인각의 크기를 아는 삼각형에 관한 방정식을 풀 때 사용된다.
>
> EX For $\triangle UVW$, find u if $m\angle U = 41$, $v = 13$, and $w = 12$.
>
> Since we know the measures of two sides and the included angle, we use the Law of Cosines.
> (두 변의 길이와 사잇각의 크기를 알므로 코사인법칙을 이용한다.)
>
>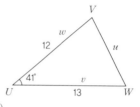
>
> $u^2 = v^2 + w^2 - 2vw \cdot cos\ U$ (Law of Cosines)
> $u^2 = 13^2 + 12^2 - 2(13)(12)\ (cos\ 41°)$
> $u = \sqrt{13^2 + 12^2 - 2(13)(12)(cos\ 41°)}$
> $\cong 8.8$
>
> *Answer.*

Law of Detachment** If $p \rightarrow q$ is a true conditional [조건문] and p is true, then q is true.

- 조건문이 참일 때, 가설이 참이면 결론도 참이 된다는 법칙.

> 참고 이 법칙은 기하의 초석이 되는 연역법(deductive reasoning)에 사용된다.
>
> EX "If two numbers are odd, their sum is even." is a true conditional, and 3 and 5 are *odd numbers*(홀수). Use the Law of Detachment to reach a logical conclusion.

("두 수가 홀수이면 그 합은 짝수이다."라는 것이 참 조건문이고, 3과 5는 홀수이다. Law of Detachment를 이용하여 논리적으로 결론을 끌어내라.)

The hypothesis(가설) is 'two numbers are odd(홀수)'. 3 and 5 are indeed two *odd numbers*(홀수). Since the conditional is true and the given statement satisfies the hypothesis, the conclusion is true. So, the sum of 3 and 5 must be even.

(3과 5가 홀수이므로 가설이 참이다, 그러므로 결론인 3과 5의 합이 짝수임도 참이다.)

Law of sines, 사인법칙*** Let $\triangle ABC$ be any triangle with a, b, and c representing the measures of sides opposite the angles with measures A, B, and C, respectively. Then
$$= \frac{sinA}{a} = \frac{sinB}{b} = \frac{sinC}{c}$$
–삼각형의 세 각의 사인 값을 마주 보는 변의 길이로 나누어 준 값은 같다는 법칙.

참고 사인법칙은 직각삼각형이 아닌 삼각형의 삼각함수 문제를 풀 때 사용된다.

EX1 Solve $\triangle XYZ$ if $m\angle X=33$, $m\angle Z=47$, and $z=14$.

Since the measures of two angles and a side are known, this is an example of Case 1. Consider the four part $\angle X$, $\angle Z$, x and z.

(주어진 두 각과 한 변의 길이를 이용해서 x를 구한다.)

$$\frac{sinZ}{z} = \frac{sinY}{y} \qquad \text{Law of Sines(사인법칙)}$$

$$\frac{sin47°}{14} = \frac{sin33°}{x} \qquad m\angle X=33,\ m\angle Z=47,\ z=14$$

$x\ sin47° = 14\ sin33°$ Cross multiply

$x = \dfrac{14\ sin33°}{sin47°}$ Division Property (=)

$x \approx 10.4$ Use a calculator.

Now we know the measures of two sides and two angles of the triangle. We can find the measure of the third angle by using the Angle Sum Theorem.
(두 각과 두 변의 길이를 알므로 나머지 한 각을 구한다.)

$m\angle X + m\angle Y + m\angle Z = 180$ Angle Sum Theorem
(삼각형의 세 각의 합 = 180)

$33 + m\angle Y + 47 = 180$ $m\angle X=33,\ m\angle Z=47$

$m\angle Y = 100$ Subtraction Property (=)

When finding y, use z instead of x since z is exact and x is approximate.(나머지 변 y를 구한다.)

$\dfrac{sinZ}{z} = \dfrac{sinY}{y}$ Law of Sines(사인법칙)

$\dfrac{sin47°}{14} = \dfrac{sin100°}{y}$ $m\angle Z=47,\ m\angle Y=100,\ z=14$

$y\ sin47° = 14\ sin100°$ Cross multiply

$y = \dfrac{14\ sin100°}{sin47°}$ Division Property (=)

$y \approx 18.9$ Use a calculator.

Therefore, $m\angle Y = 100$, $x \approx 10.4$, and $y \approx 18.9$, and the triangle is solved.

Answer.

EX2 What is the approximate distance across the gorge, h?
(이 계곡 사이의 거리는 대략 얼마나 되는가?)

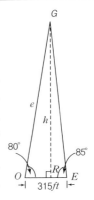

We do not have enough information to solve either right triangle for h using the trigonometric ratios. However, if we can find e using the Law of Sines, we can use $sin 80°$ to find h.
(삼각비를 이용하여 h를 구하기에 충분한 자료가 없으므로, 사인법칙을 이용하여 e를 구한 후 h를 구한다.)

We know the measures of two angles and a side, so this is an example of Case 1. However, we do not know the measure of a side opposite of the given angles. We must first find $m\angle OGE$.
(두 각과 한 변의 길이를 알지만 주어진 각의 맞변의 크기를 모르므로 나머지 한 각을 구한다.)

$m\angle O + m\angle E + m\angle OGE = 180$	Angle Sum Theorem
$80 + 85 + m\angle OGE = 180$	$m\angle O = 80, m\angle E = 85$
$m\angle OGE = 15$	Subtraction Property (=)

Choose the proportion that involves e and three known measures.(e와 주어진 세 값을 포함하는 비례식을 만든다.)

$\dfrac{sin G}{g} = \dfrac{sin E}{e}$	Law of Sines(사인법칙)
$\dfrac{sin 15°}{315} = \dfrac{sin 85°}{e}$	$m\angle G = 15, m\angle E = 85, g = 815$
$e\ sin 15 = 315\ sin 85°$	Cross multiply.

$$e = \frac{315 \, sin\, 85°}{sin\, 15°}$$ Division Property (=)

$e \approx 1212.4$ Use a calculator.

To find h, use right $\triangle GRO$ and $sinO$.

$sinO = \dfrac{h}{e}$

$sin = \dfrac{\text{opposite}}{\text{hypotenuse}}$

$sin\, 80° \approx \dfrac{h}{1212.4}$

$m\angle O = 80$,

$e \approx 1212.4$

$1212.4 \, sin\, 80° \approx h$ Multiplication Property (=)

$1194.0 \approx h$ Use a Calculator.

The distance across the gorge is about 1194 feet.

Answer.

Law of Syllogism, 삼단논법** If $p \rightarrow q$ and $q \rightarrow r$ are true conditionals, $p \rightarrow r$ is also true.

- p가 q이고 q가 r이면, p는 r이라는 법칙.

leading coefficient, 식에서 가장 먼저 나오는 계수** The first coefficient in a polynomial.

- 식에서 첫 번째 나오는 계수(coefficient).

EX $\dfrac{y}{5} + 3 = 6$에서 $\dfrac{1}{5}$이 leading coefficient이다.

least common denominator 최소공분모(LCD)** The least

positive *common multiple*〔공배수〕 of the denominators〔분모〕 of the given fractions〔분수〕.

- 주어진 분모(denominators)들의 공배수 중 가장 작은 수.

> EX Find the *LCD* for the following pair of *rational expressions*(유리식).
> $$\frac{3}{x^2}, \frac{5}{x}$$
> *Solution*
> $x^2 = x \cdot x$
> $x = x$
> ∴ *LCD* is x^2.　　　　　　　　　　　*Answer.*

least common multiple(LCM), 최소공배수***　The *least common multiple*〔최소공배수〕 of two or more integers〔정수〕 is the least positive integer that is divisible by each of the integers〔공배수〕.

- 두 개 이상의 정수의 공배수(common multiple) 중 가장 작은 수.

> EX Find the *LCM* of $x^2 - x - 6$ and $x^2 + 2x - 15$.
> *Solution*
> $x^2 - x - 6 = (x-3)(x+2)$
> $x^2 + 2x - 15 = (x+5)(x-3)$
> ∴ *LCM* is $(x-3)(x+2)(x+5)$.　　　　*Answer.*

legs(of an isosceles triangle), (이등변삼각형의) 변**　The congruent sides in an *isosceles triangle*〔이등변삼각형〕.

- 이등변삼각형에서 길이가 같은 두 변.

legs (of a right triangle), (직각삼각형의) 두 변** The sides [변] of a *right triangle* [직각삼각형] that are not the hypotenuse [빗변].

- 직각삼각형의 빗변(hypotenuse)이 아닌 두 변.

legs (of a trapezoid), (사다리꼴의) 변* The nonparallel [평행하지 않은] sides in a trapezoid [사다리꼴].

- 사다리꼴(trapezoid)에서 서로 평행(parallel)하지 않는 두 변.

EX
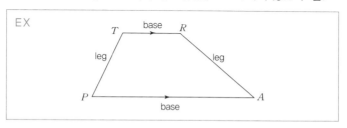

length, 세로(길이)*** The measurement [측정값] of the side of a figure [도형] or solid [입체].

- 어떤 도형이나 입체의 세로 길이.

참고 가로는 width라 한다.

Length Probability Postulate* If a point on $\overline{AB}$ is chosen and C is between A and B, then the probability [확률] that the point is on $\overline{AC}$ is $\dfrac{\text{length of } \overline{AC}}{\text{length of } \overline{AB}}$

- C가 선분 AB 사이에 있을 때, 어느 점이 선분 AC 위에 있을 확률.

less than symbol, '〜보다 작다'를 나타내는 부호*** A symbol〔부호〕 that shows one side is smaller than the other side.

 －부호(symbol) '<'로 표시한다.

less than or equal to symbol, 같거나 작다*** A symbol〔부호〕 that shows one side is equal to or smaller than the other side.

 －부호(symbol) '≦'로 표시한다.

like terms, 동류항*** Terms〔항〕 that contain〔가지고 있다〕 the same variables〔문자〕 with the same power〔차수〕.

 －문자와 차수가 같은 항.

> EX $8x^2+3x^2-2a+5$에서 $8x^2$과 $3x^2$이 동류항(like terms)이다. 어떤 식을 간략히 할 때(simplify) 동류항(like terms)끼리 모아 계산한다.

line, 선*** A geometric〔기하〕 figure〔도형〕 formed by a point moving along a fixed〔고정된〕 direction〔방향〕 and the reverse〔반대〕 direction〔방향〕.

 －점의 이동에 따라 생기는 도형.

line graph, 선그래프** A graph showing data〔자료〕 using lines〔선〕.

 －$f(x)$의 값을 선으로 나타낸 그래프.

> 참고 bar graph(막대그래프)라고도 함(앞의 bar graph 참조).

line of reflection, 반사축* Line l is a line of reflection for a figure if, for every point A of the figure not on l, there is a point A' of the figure such that l is the *perpendicular bisector*〔수직이등분선〕 of segment AA'. The points A and A' are reflection images of each other.

- 한 점 A의 reflection image인 A'를 연결하는 선분에 수직이등분선이 되는 중선.

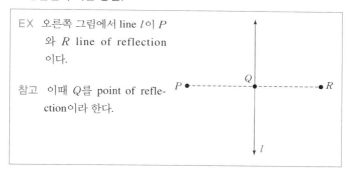

EX 오른쪽 그림에서 line l이 P와 R line of reflection 이다.

참고 이때 Q를 point of reflection이라 한다.

line of symmetry, 대칭선** A line that can be drawn through a plane figure so that the figure on one side is the reflection image of the figure on the *opposite side*〔반대편〕.

- 양편의 도형을 대칭시키는 선.

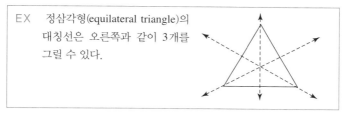

EX 정삼각형(equilateral triangle)의 대칭선은 오른쪽과 같이 3개를 그릴 수 있다.

line plot* Numerical data displayed〔나타난〕 on a *number*

line〔수직선〕.

- 숫자로 된 자료를 수직선 위에 나타낸 것.

> EX The speeds(속도) of 20 of the fastest animals in *miles per hour*(시속) according to the The World Almanac, 1995, are listed below.
> (가장 빠른 동물 20여 종의 시속은 다음과 같다.)
>
> 40 61 50 50 32 70 35 30 50 45
> 43 40 30 30 35 45 42 32 40 30
>
> Make a line plot of the data.
>
> *Solution*
> 1) Draw and label a number line. The data ranges from 30 miles per hour to 70 miles per hour. Use a scale of 30 to 70 with the interval(간격) of 5.
> (선을 그리고 30부터 70까지 5 간격으로 눈금을 표시하라.)
> 2) Draw the line plot. Write ×for each speed indicated.
> (line plot을 그려라. 각기 해당하는 속도에 ×표시를 하라.)
>
>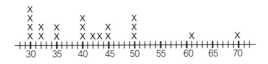

line segment, 선분, 변*** A part of a line that consists of two points and all points between them.

- 선에서 어느 두 점과 그 사이의 모든 점들로 이루어진 부분.

linear equation, 일차방정식*** An equation〔방정식〕 whose graph is a line.

- 그래프에 직선(line)으로 나타나는 방정식.

참고 The *standard form*(표준형) of a *linear equation*(일차방정식) is
$Ax + By = C$.
이때 A, B, C는 실수(real numbers)이며 A와 B 둘 다 0이 아니어야 한다.

linear function, 일차함수*** A function〔함수〕 in which the *ordered pair*〔순서쌍〕 (x, y) is related by an equation of the form $y = mx + b$, where m and b stand for constants〔상수〕, and $m \neq 0$.

– $y = mx + b$로 나타나는 방정식과 관계된 함수.

linear graphs, 일차함수의 그래프*** The graphs of *linear functions*〔일차함수〕.

– 일차함수(linear function)의 그래프는 직선(line)이다.

EX Graph $2y - 6x = 8$.

Solution
First solve the equation for y.
(방정식을 y에 대하여 푼다.)
$2y - 6x = 8$
$2y = 6x + 8$
$y = 3x + 4$
Then, draw a graph of a line whose slope(기울기) is 3 and y-intercept(y절편) is 4.
(기울기가 3, y절편이 4인 그래프를 그린다.)

참고 혹은 y에 대하여 푼 후 그래픽 캘큘레이터를 이용하여 그래프를 그린다.

linear pair, 한 직선 상의 두 각* A pair of adjacent〔붙어 있는〕 angles whose noncommon sides are *opposite rays*〔반직선〕.

– 한 직선 상에 있는 두 각.

> 참고 The sum(합) of the measures of the angles in a linear pair is 180. (한 직선 상에 있는 두 각의 합은 180도이다.)

> EX 오른쪽 그림에서
> ∠VZX and ∠XZW,
> ∠XZW and ∠WZY,
> ∠WZY and ∠YZV,
> ∠YZV and ∠VZX

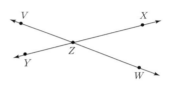

LL(Leg-Leg), LL 합동* If the legs〔변〕 of one *right triangle*〔직각삼각형〕 are congruent〔합동〕 to the *corresponding legs*〔대응변〕 of another right triangle, then the triangles〔삼각형들〕 are congruent.

– 빗변(hypotenuse)이 아닌 두 변이 같은 두 직각삼각형은 합동이다.

locus, 자취* In geometry〔기하〕, a figure is a locus if it is the set of all points and only those points that satisfy a given condition〔조건〕.

– 주어진 조건만을 만족시키는 도형.

> 참고 Procedure for Determining Locus (자취를 결정하는 절차)
> 1. Draw the given figure. (주어진 도형을 그린다.)
> 2. Locate the points that satisfy the given conditions.

(주어진 조건을 만족시키는 모든 점을 표시한다.)

3. Draw a smooth geometric figure. (생기는 도형을 그린다.)

4. Describe the locus. (생겨난 도형이 무엇인지 설명한다.)

EX 1 Find the locus of all points in space that are 20 millimeters from a given point P. (주어진 점 P로부터 20밀리미터 거리에 있는 모든 점의 자취를 구하라.)

Step 1. Draw the given figure (point P)
(주어진 점을 표시한다.)

Step 2. Locate the points that satisfy the given conditions.
(주어진 조건을 만족시키는 모든 점을 표시한다.)

Step 3. Draw a smooth geometric figure.
(생기는 도형을 그린다.)

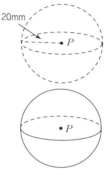

Step 4. Describe the locus.
(생겨난 도형이 무엇인지 설명한다.)

The locus of the points in space that are 20 millimeters from given point P is a sphere with a radius of 20 millimeters.

EX 2 Find the locus of points that satisfy the graphs of both equations.

$5x-2y=11$ and $y=x-1$.

(두 식의 그래프를 만족시키는 점의 자취를 구하라.)

Solution

Find x by substituting $x-1$ for y.

$5x-2(x-1)=11$

$3x+2=11$

> $3x = 9$
>
> $x = 3$
>
> Find y by substituting 3 for x.
>
> $y = x - 1$
>
> $y = 3 - 1$
>
> $y = 2$
>
> The point with coordinates (3, 2) is the locus of points that satisfy the graphs of both equations.
>
> *Answer.*

lower quartile, 제1사분위* The lower quartile divides the lower half〔반〕 of a set of data into two equal parts.

- 아래쪽 반에 해당하는 자료의 중간에 있는 값.

M

magnitude of a vector, 벡터 길이* The length of a vector[벡터, 방향량].

- 벡터의 길이.

major arc, 우호** If $\angle APB$ is a *central angle*[중심각] of circle P and C is any point on the circle and in the exterior[외부] of the angle, then points A and B and all points of the circle exterior to $\angle APB$ form a major arc called $\widehat{ACB}$. Three letters are needed to name a *major arc*[우호].

- 크기가 180보다 큰 호.

EX $\widehat{LUY}$ is a major arc of $\odot E$.

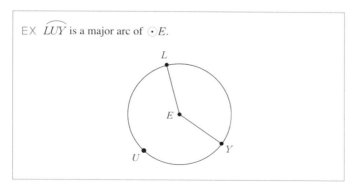

mapping, 사상** A *mapping pairs*[짝을 짓다] one element [원소] in the domain[정의역] with one element in the range [치역]. A one-to-one correspondence between points of two figures.

– 정의역(domain) x의 한 원소(element)와 그에 해당하는 치역(range) y의 원소를 짝 지어 보여주는 것.

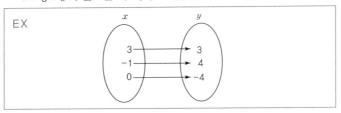

marked down, 인하* The price was lowered[내려간].

– 가격(price)이 내려가 있음을 말함.

marked up, 인상* The price was increased[증가된].

– 가격(price)이 올라가 있음을 말함.

matrix, 매트릭스(행렬)** A matrix is a rectangular arrangement of elements[원소] in rows[줄] and columns[칸].

– 원소들(elements)을 행렬(matrix)로 표시하는 것.

maximum (point of function), 이차함수의 최대** The highest point on the graph of a curve[곡선], such as the vertex[꼭지점] of parabola[포물선] that opens downward[아래로].

– 아래로 열려진 포물선(parabola)의 꼭지점(vertex)처럼 곡선(curve)의 그래프에서 가장 높은 점.

mean, 평균*** The mean〔평균〕 of a set of data〔자료〕 is the sum〔합계〕 of the numbers in the set divided by the number of numbers in the set.

- 자료의 합을 자료 개수로 나눈 것.

> 참고 arithmetic mean(산술평균)을 볼 것.

means, 내항*** In the proportion〔비례〕 $\frac{a}{b}=\frac{c}{d}$, b and c are the means〔내항〕.

- 비례관계 $a:b=c:d$ 에서 안쪽에 있는 두 항 b와 c.

> 참고 이때 바깥쪽에 있는 a와 d는 외항(extremes)이라 한다.

means-extremes property of proportions** In a proportion〔비례〕 $\frac{a}{b}=\frac{c}{d}$, the product〔곱〕 of extremes〔외항〕 a and d is same as the product〔곱〕 of means〔내항〕 b and c.

- 비례관계(proportion) $\frac{a}{b}=\frac{c}{d}$ 에서 외항(extremes) a와 d의 곱(product)과 내항(means) b와 c의 곱(product)은 같다는 성질.

> EX Solve the following proportion(비례).
> $$\frac{x}{3} = \frac{x+5}{15}$$
> *Solution*
> $$\frac{x}{3} = \frac{x+5}{15}$$
> $15x=3(x+5)$ (외항과 내항의 곱은 같다.)
> $15x=3x+15$
> $15x-3x=15$

$$12x = 15$$
$$x = \frac{5}{4} \qquad Answer.$$

measurement, 측정(값)** The dimension〔가로/세로〕, quantity〔수량〕, or capacity〔용량〕 determined〔결정된〕 by measuring〔측정〕.

- 측정의 결과로 얻어진 값.

measures of central tendency, 대표값* Numbers known as measures of central tendency are often used to describe sets of data because they represent a centralized〔중앙의〕, or middle〔중간의〕 value〔값〕.

- 어느 자료를 대표하기에 가장 적합한 값들.

> 참고 가장 흔히 쓰이는 measures of central tendency는 mean(평균), median(중앙값), 그리고 mode(최빈값)이다.

measures of variation, 산포도* Measures of variation are used to describe the distribution〔분배〕 of data〔자료〕.

- 자료가 어떻게 분산되어 있는지를 말해 주는 것.

> 참고 가장 흔히 쓰이는 measures of variation은 range(범위: 가장 큰 값에서 가장 작은 값을 뺀 것)와 interquartile range(사분 범위: 자료의 $\frac{3}{4}$ 지점에 있는 값에서 $\frac{1}{4}$ 지점에 있는 값을 뺀 것)이다.

median, 중앙값(중간값)*** The middle number of a set of

data when data are arranged in order.

– 자료를 크기의 순서로 놓았을 때, 제일 가운데 오는 값.

> EX Find the median(중앙값) of the following data.
> 5   10   13   4   8   2   15
> *Solution*
> Place the numbers in order.
> (자료를 크기 순으로 정렬한다.)
> 2   4   5   8   10   13   15
> 8 is the middle number.
> Therefore 8 is the median(중앙값).   *Answer.*
>
> 참고 자료의 수가 짝수(even numbers)일 경우에는 중앙에 있는 두 값의 평균(average)이 median(중앙값)이 된다.

median, 중선** 1. In a triangle[삼각형], a segment that joins a vertex[꼭지점] of the triangle and the midpoint[중점] of the *opposite side*[대변].

– 삼각형(triangle)의 꼭지점과 맞은편 변의 중점을 연결하는 선.

2. In a trapezoid[사다리꼴], the segment joining the midpoints[중점] of the legs.

– 사다리꼴(trapezoid)의 양변의 중점을 연결하는 선.

midpoint (of line segment), 중점*** A point that is halfway [중간 지점] between the endpoints[끝점] of a segment[선분].

– 어느 선분(segment)의 중간에 있는 점.

midpoint formulas, 중점 공식** 1. On a *number line*[수직선],

the coordinate〔좌표〕 of the midpoint〔중점〕 of a segment〔선분〕 whose endpoints〔끝점〕 have coordinates〔좌표〕 a and b is $\dfrac{a+b}{2}$.

- 수직선 상에서 끝점이 a와 b인 선분의 중점을 구하는 공식은 $\dfrac{a+b}{2}$이다.

2. In a *coordinate plane*〔좌표평면〕, the coordinates〔좌표〕 of the midpoint〔중점〕 of a segment〔선분〕 whose endpoints〔끝점〕 have coordinates (x_1, y_1) and (x_2, y_2) are $\left(\dfrac{x_1+x_2}{2}, \dfrac{y_1+y_2}{2}\right)$.

- 좌표평면 상에서 끝점이 (x_1, y_1), 그리고 (x_2, y_2)인 선분의 중점을 구하는 공식은 $\left(\dfrac{x_1+x_2}{2}, \dfrac{y_1+y_2}{2}\right)$이다.

EX Find the coordinates(좌표) of the midpoint(중점) of a segment(선분) with the following pair of endpoints.(끝점이 다음과 같은 선분의 중점을 구하라.)

$A(5, -2), B(5, 8)$

Solution

Use the formula(공식) for the midpoint of a segment.

(중점 구하는 공식에 두 점의 좌표를 대입한다.)

midpoint of $\overline{AB} = \left(\dfrac{5+5}{2}, \dfrac{-2+8}{2}\right)$
$= (5, 3)$　　　　　　　　*Answer.*

---

midpoint theorem, 중점 정리* If M is the midpoint〔중점〕 of $\overline{AB}$, then $\overline{AM} \cong \overline{MB}$.

- M이 선분 AB의 중점이면 선분 AM과 MB의 길이는 같다.

minimum (point of function), 이차함수의 최소**   The lowest point on the graph of a curve〔곡선〕, such as a the vertex〔꼭지점〕 of parabola〔포물선〕 that opens upward〔위쪽으로〕.

- 위로 열려진 포물선(parabola)의 꼭지점(vertex)과 같이, 곡선(curve)으로 된 그래프에서 가장 낮은 점.

minor arc, 열호**   If $\angle APB$ is a *central angle*〔중심각〕 of circle P, then points A and B and all points on the circle interior to the angle form a minor arc called $\widehat{AB}$.

- 크기가 180보다 작은 호.

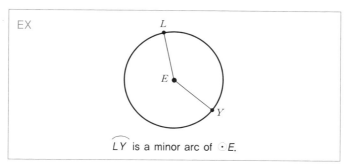

minus, 뺄셈(−)***   The minus sign.

- 마이너스 부호.

mixed expressions*   An *angebraic expression*〔대수식〕 that contains a monomial〔단항식〕 and a *rational expression*〔유리식, 분수식〕.

- 단항식(monomial)과 분수식(rational expression)을 포함하는 수식.

EX $7+\dfrac{y-3}{y+4}$는 mixed expression이다.

mode, 최빈값(모드)** The number that occurs most often in a set.

– 자료 중 가장 자주 나오는 숫자.

EX 10명의 키를 재어서, 161, 164, 166, 164, 165, 163, 168(cm)였다면 mode(최빈값)는 가장 많이 나온 값인 164(cm)이다.

monomial, 단항식** An expression〔식〕 that is either a numeral〔숫자〕, a variable〔문자〕, or a product〔곱〕 of a numeral and one or more variables.

– 수, 문자, 또는 수와 문자의 곱으로 된, 항(term)이 하나인 식.

EX $3xy$는 단항식(monomial)이다.

multiple, 배수** Integer〔정수〕 multiplied by a given number.

– 정수(integer)를 다른 수로 곱한 것.

EX 3의 multiple(배수)은 3, 6, 9……이다.

multiplication, 곱하기*** The process〔과정〕 of multiplying〔곱하기〕.

– 곱하기의 과정.

multiplicative identity, 곱셈의 항등* For any number a,

$a \cdot 1 = 1 \cdot a = a.$

- 수에 1을 곱해도 그 결과는 같다.

multiplicative inverses (reciprocals), 곱셈에 대한 역원* Any two numbers whose product [곱] is 1.

- 곱해서 1이 되는 수.

> EX 4의 곱셈에 대한 역원(multiplicative inverse)은 $\frac{1}{4}$이다.

mulltiplication property for inequality, 부등식의 곱셈법칙* For all numbers a, b and c, the following are true.

1. If c is positive [양수] and $a < b$, then $ac < bc$, $c \neq 0$, and if c is positive and $a > b$, then $ac > bc$, $c \neq 0$.

- 부등식(inequality)의 양변에 같은 양수(positive number)를 곱해도 그 결과는 같다.

2. If c is negative [음수] and $a < b$, then $ac > bc$, $c \neq 0$, and if c is negative and $a > b$, then $ac < bc$, $c \neq 0$.

- 부등식(inequality)의 양변에 같은 음수(negative number)를 곱하면 부등호의 방향이 바뀐다.

> EX Solve $-3w > 24$.
>
> *Solution*
> $-3w > 24$
> $\frac{-3w}{-3} < \frac{24}{-3}$ (양변을 -3으로 나누고 부등호의 방향을 바꾼다.)
> $w < -8$ *Answer.*

multiplicative property of -1* The product [곱] of any number and -1 is its *additive inverse*〔덧셈에 대한 역원〕.

$1(a)=-a$ and $a(-1)=-a$

- 어떤 수에 -1을 곱한 수가 additive inverse이다.

multiplicative property of equality* For any numbers a, b, and c, if $a=b$, then $a \cdot c = b \cdot c$.

- 양변에 같은 수를 곱해도 그 결과는 같다.

EX Solve $\dfrac{x}{12} = \dfrac{5}{6}$

Solution

$\dfrac{x}{12} = \dfrac{5}{6}$

$12(\dfrac{x}{12}) = 12(\dfrac{5}{6})$

$x = 10$ *Answer.*

N

natural numbers, 자연수** Positive〔양의〕 integers〔정수〕.

  −양의(positive) 정수(integer).

> EX 1에서 시작되어 2, 3, 4, 5 ……로 계속되는 양의 정수.

negation, 부정* The denial of a statement.

  −한 명제의 부정.

> 참고 ~p는 '*not p*', 즉 p의 negation(부정)을 표시한다.

negative correlation, 음의 상관관계* There is a negative correlation between x and y if the values are related in opposite ways.

  −x의 값이 증가할수록 y는 반대로 감소하는 상관관계.

> EX 다음 그래프가 negative correlation을 보여주는 예이다.
>
> 참고 반대로 x가 증가함에 따라 y도 증가하는 관계는 positive correlation이라고 한다.

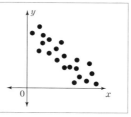

negative exponents, 음의 지수* For any nonzero number a and any integer n, $a^{-n} = \dfrac{1}{a^n}$.

– 어느 수의 지수(exponent)가 음수일 때 $a^{-n} = \dfrac{1}{a^n}$ 이 성립한다.

EX Simplify $\dfrac{-9x^3y^5}{27x^{-2}y^5z^{-4}}$.

Solution

$\dfrac{-9x^3y^5}{27x^{-2}y^5z^{-4}} = \left(\dfrac{-9}{27}\right)\left(\dfrac{x^3}{x^{-2}}\right)\left(\dfrac{y^5}{y^5}\right)\left(\dfrac{1}{z^{-4}}\right)$

$= \dfrac{-1}{3} x^{3-(-2)} y^{5-5} z^4$ $\quad \dfrac{1}{z^{-4}} = z^4$ 이다.

$= -\dfrac{1}{3} x^5 y^0 z^4$ $\quad y^0 = 1$ 이다.

$= -\dfrac{x^5 z^4}{3}$ *Answer.*

---

negative integer, 음의 정수*** The integers [정수] that are negative [음수인] starting from -1.

– -1에서 시작, -2, -3, -4 …… 로 계속되는 정수(integer).

negative number, 음수*** Any number that is less than zero.

– 0보다 작은 수.

negative sign(−), 음수 부호*** A symbol [부호] showing negative [음수의] quantity.

– 음수를 나타내는 부호.

net, 네트* A two-dimensional [2차원] figure [도형] that, when folded, forms the surfaces of a three-dimensional [3차원]

object.

- 접으면 3차원 입체가 되는 평면도형.

EX 오른쪽 도형이 왼쪽에 있는 triangular pyramid(삼각뿔) $ABCD$의 net이다.

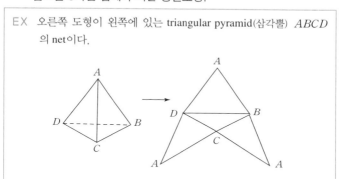

network, 네트워크* A figure consisting of points[점], called nodes[맺힌점], and edges[모서리] that join various nodes to one another.

- 그래프이론에서 나오는 점, 모서리 등으로 구성되어 있는 도형.

EX 다음 그림이 network를 보여주는 그림이다.

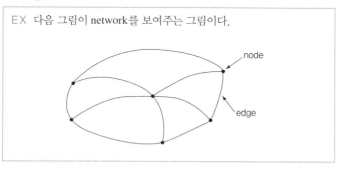

n-gon, n각형* A polygon[다각형] with n sides.

—n개의 변으로 이루어진 다각형.

> 참고 아래 나오는 polygon을 볼 것.

nickel, 5센트** A U.S. coin worth five cents.

—미국에서 쓰는 5센트짜리 동전.

nonagon, 구각형* A polygon〔다각형〕 with nine sides〔변〕.

—9개의 변으로 이루어진 다각형(polygon).

node, 맺힌점* In graph theory, the points of a network.

—네트워크 상의 점.

> 참고 위의 network 그림을 볼 것.

noncollinear points, 같은 선 상에 있지 않은 점들* Points that do not lie on the same line.

—같은 선 위에 있지 않은 점들.

> 참고 같은 선 상에 있는 점들은 collinear points라 한다.

non-Euclidean geometry, 비유클리드기하학* The study of geometrical systems which are not in accordance with the *Parallel Postulate*〔평행선의 공리〕 of *Euclidean geometry*〔유클리드기하학〕.

—유클리드기하학의 이른바 평행선의 공리와 상관이 없는 기하학.

참고 spherical geometry(포물적 기하학)라고도 한다.

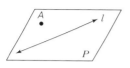
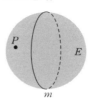

Plane Euclidean Geometry
(점, 선, 평면의 연구)

Spherical Geometry
(점, 원, 구 등의 연구)

not equal to symbol (≠), 같지 않다는 부호*** A symbol showing that one side is not equal to the other side.

- 한 변의 값이 다른 변과 같지 않다는 부호.

number line, 수직선*** A line with equal〔같은〕 distances〔거리〕 marked off to represent numbers.

- 같은 간격의 수로 표시해 놓은 직선.

number theory, 수이론* The study of numbers and the relationships〔관계〕 between them.

- 수와 수 사이의 관계에 관한 이론.

numerals, 숫자*** A symbol or mark used to represent〔나타내 주다〕 a number.

- 수를 표시해 주는 것.

numerator, 분자*** In the fraction〔분수〕 $\frac{a}{b}$, a is the numerator〔분자〕.

- 분수 $\dfrac{a}{b}$에서, a를 분자라 한다.

> 참고 또한 분수식 $\dfrac{f(x)}{g(x)}$에서 $f(x)$를 분자(numerator)라 한다.

numerical coefficient, 수계수* In a term〔항〕, the factor that is not a variable.

　- 문자가 아닌, 수로 된 계수.

> EX $5xy$에서 5가 numerical coefficient(수계수)이다.

numerical expression, 수식* An expression〔식〕 that names〔가리키다〕 a particular number.

　- 특정한 수를 나타내 주는 식을 말함.

O

oblique cone, 빗원뿔*　A cone〔원뿔〕that is not a *right cone* 〔직원뿔〕

- 밑면(base)이 축(axis)과 직교(perpendicular)하지 않는 원뿔.

oblique cylinder, 빗원기둥*　A cylinder〔원기둥〕that is not a *right cylinder*〔직원기둥〕.

- 밑면(base)이 축(axis)과 직교(perpendicular)하지 않는 원기둥.

oblique prism, 빗각기둥*　A prism〔각기둥〕that is not a *right prism*〔직각기둥〕.

- 밑면(base)이 축(axis)과 직교(perpendicular)하지 않는 각기둥.

obtuse angle, 둔각***　An angle〔각〕with measure between $90°$ and $180°$.

- 직각(right angle)보다는 크고, 180도보다는 작은 각,

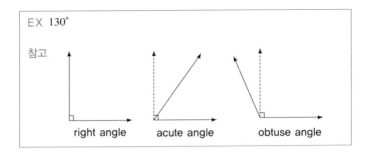

obtuse triangle, 둔각삼각형*   An obtuse triangle has one angle with measure greater than 90 degrees.

- 세 각 중의 한 각이 90도보다 큰 삼각형.

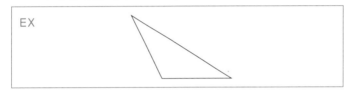

octagon, 팔각형*   A polygon[다각형] with eight sides[변].

- 8개의 변으로 이루어진 다각형(polygon).

odd numbers, 홀수***   Numbers not exactly divisible by two.

- 2로 나누어지지 않는 숫자들.

odds, 경우의 수**   The odds of an event occurring is the ratio of the number of ways the event can occur(successes) to the number of ways the event cannot occur(failures).

- 어느 사건이 일어나지 않을 경우와 일어날 경우의 비율.

EX Find the odds of the outcome that a number greater than 2 will occur if a die is rolled. (주사위를 던져서 2보다 큰 수가 나올 수 있는 경우의 수(odds)를 구하라.)

Solution
The number of success is 4. (3, 4, 5, 6)
The total number of outcomes is 6. (1, 2, 3, 4, 5, 6)
The number of failure is 6−4 or 2. (1, 2)
Odds of the outcome that a number greater than 2 will occur
= number of successes : number of failures
= 4 : 2. (4 to 2라고 읽는다.) *Answer.*

omit, 생략하다** To fail to include [포함하다].

- 포함시키지 않다. 제외하다.

open half-plane, 열린 반평면* A half-plane [반평면] that does not include the boundary [경계선].

- 답에 경계선(boundary)이 포함되지 않는 그래프.

EX $y > 5$의 그래프로 표시되는 반평면(half-plane)이 open half-plane이다.

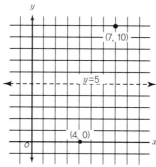

open sentences, 열린 문장, 명제함수* Mathematical statements with one or more variables[미지수], or unknown numbers.

– 하나 이상의 미지수(variable)가 포함된 수학적 문장.

참고 이 문장의 참, 거짓은 그 미지수가 지정됨으로써 밝혀진다.

operation, 사칙연산** Something that is done to numbers, such as adding[더하기], subtracting[빼기], multiplying[곱하기], or dividing[나누기].

– 수를 더하거나, 빼거나, 곱하거나, 나누는 것.

opposite rays* Two rays[사선] BA and BC such that B is between A and C.

– 원점 B를 공유하고 반대 방향으로 나 있는 두 반직선(rays).

opposites, 덧셈에 대한 역원** Additive inverse.

– Additive inverse를 일컫는 말.

참고 위의 additive inverse를 참조하라.

order of operations, 연산의 순서* 1. Simplify the expressions inside grouping symbols, such as parentheses[소괄호], brackets[대괄호], and braces[중괄호], and as indicated by fraction[분수] bars.

– 괄호와 분수를 먼저 푼다.

2. Evaluate all powers.

● 212 ●

- 모든 제곱수를 계산한다.
3. Do all multiplications and divisions from left to right.
  - 왼쪽에서부터 곱셈과 나눗셈을 한다.
4. Do all additions and subtractions from left to right.
  - 왼쪽에서부터 덧셈과 뺄셈을 한다.

EX Evaluate(계산하라). $8[6^2-3(2+5)] \div 8+3$

$8[6^2-3(2+5)] \div 8+3$

$=8[6^2-3(7)] \div 8+3$ (소괄호부터 푼다.)

$=8[36-3(7)] \div 8+3$ (제곱을 푼다.)

$=8[36-21] \div 8+3$ (제일 왼쪽의 곱셈을 한다.)

$=8[15] \div 8+3$ (대괄호를 푼다.)

$=120 \div 8+3$ (왼쪽의 곱셈을 한다.)

$=15+3$ (나누기를 한다.)

$=18$ (더하기를 한다.)

---

ordered pairs, 순서쌍*** Pairs of numbers used to locate points in the *coordinate plane* [좌표평면].

  - 좌표평면 상의 점들을 표시해 주는 순서의 쌍들.

EX (3, 2), (4, 5) ……

---

ordered triple* Three numbers given in a specific order. Ordered triples are used to locate [나타내다] points in space.

  - 공간에 있는 점들을 표시하는 데 사용되는 세 개의 숫자.

EX 1

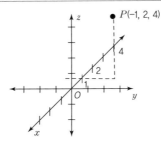

참고 Given two points $A(x_1, y_1, z_1)$ and $B(x_2, y_2, z_2)$ in space, the distance between A and B is given by the following equation.
공간에 있는 두 점 사이의 거리 공식

$$AB=\sqrt{(x_2-x_1)^2+(y_2-y_1)^2+(z_2-z_1)^2}$$

EX 2 Find out the distance between $A(4, 14, 8)$, $B(1, 2, -1)$, $C(2, 6, 2)$ and determine if the three points are collinear.
(이 세 점 사이의 거리를 구하고 이들이 한 직선 상에 있는지 결정하라.)

Solution
Use the distance formula to find the lengths of $\overline{BC}$, $\overline{CA}$, and $\overline{BA}$.

$\overline{BC} = \sqrt{(1-2)^2+(2-6)^2+(-1-2)^2} = \sqrt{26}$

$\overline{CA} = \sqrt{(4-2)^2+(14-6)^2+(8-2)^2} = \sqrt{104}$ or $2\sqrt{26}$

$\overline{BA} = \sqrt{(1-4)^2+(2-14)^2+(-1-8)^2} = \sqrt{234}$ or $3\sqrt{26}$

$\therefore 3\sqrt{26} = \sqrt{26} + 2\sqrt{26}$

Therefore $\overline{BA} = \overline{BC} + \overline{CA}$.

According to the Segment Addition Postulate (If $\overline{BA} = \overline{BC} + \overline{CA}$, then C is between A and B), these three points *are collinear*

(같은 선 상에 있다).

(선분 더하기에 관한 공리에 의해 점 C가 A와 B 사이에 있으므로 이 세 점은 동일 선 상에 있다.)

Answer.

ordinate, *y*좌표*** The second coordinate(좌표) in an *ordered pair*(순서쌍) of numbers that is associated with a point in a coordnate planes. Also called *y*-coordinate(좌표).

- 순서쌍(ordered pairs)에서 두 번째 나오는 좌표: y좌표.

EX (3, 5)에서 5가 y-coordinate(y좌표)이다.

참고 x좌표는 abscissa, 혹은 x-coordinate이라고 한다.

organize data, 자료를 정리하다* Organizing data is useful before solving a problem. Some ways to organize data are to use tables(표), charts(차트), different types of graphs, or diagrams(도표).

- 문제를 풀기 위해 주어진 자료를 여러 방법으로 정리하는 것.

참고 위의 against the wind의 문제 푸는 법을 참조할 것.

origin, *0*(원점)*** 1. The zero point on a *number line*(수직선) or the zero point of the intersecting(교차하는) axes(축들) in a number plane.

- 수직선에서 0이 되는 점, 또는 수(數) 평면에서 두 축이 교차하

는 점.

2. In a coordinate plane or a three-dimensional coordinate system, the point where the coordinate axes intersect (usually designated by O).

- 좌표평면이나 3차원 좌표에서 좌표축들이 교차하는 점.

EX
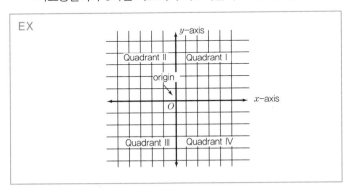

outcomes, 결과** Outcomes〔결과〕are all possible〔가능한〕 combinations of a counting problem.

- 나올 가능성이 있는 모든 결과들.

outlier, 아웃라이어* In a set of data, a value that is much greater or much less than the rest of the data can be called a outlier.

- 자료 중 다른 값과 비교하여 훨씬 크거나 작은 값.

참고 Q_1과 Q_3로부터 interquartile range의 1.5배 이상 작거나 큰 값이 outlier이다.

EX Find any outliers from the following set of data.

180 181 189 192 205 208 228 228 237 247 263 325

Solution

Q_1 lower quartile $= (189 + 192) \div 2 = 190.5$

Q_2 median(중앙값) $= 208$

Q_3 upper quartile $= (237 + 247) \div 2 = 242$

interquartile range $= 242 - 190.5 = 51.5$

$51.5 \times 1.5 = 77.25$

$190.5 - 77.25 = 113.25$ (interquartile range의 1.5배를 lower quartile 에서 뺀 값)

$242 + 77.25 = 319.25$ (interquartile range의 1.5배를 upper quartile 에 더한 값)

Any data smaller than 113.25 or greater than 319.25 are outliers. (113.25보다 작거나, 319.25보다 큰 값이 outlier이다.)

Therefore 325 is an outlier.

Answer.

P

parabola, 포물선*** The general shape of the graph of a *quadratic function* [이차함수].

- 이차함수의 그래프 모양.

> 참고 U자 모양의 곡선으로 위 또는 아래로 열려 있다.

paragraph proof, 문단 증명* A proof [증명] written in the form of a paragraph (as opposed to a two-column proof).

- 하나의 문단처럼 설명을 써서 증명하는 방법.

parallel lines, 평행선*** Lines in the same plane [평면] that do not intersect [교차하다].

- 영원히 만나지 않는 같은 평면 상의 두 선.

> 참고1 1. 좌표평면(coordinate plane)에서 평행한 직선들의 기울기(slope)는 같다.
> 2. 두 평행선(parallel lines) 사이의 거리(distance)는 한 점에서 다른 선까지의 거리이다.
>
> 참고2 Corollaries about parallel lines (평행선에 대한 정리들)

If three or more *parallel lines*(평행선) intersect(교차하다) two transversals(횡단선), then they cut off the transversals proportionally(일정한 비율로).

(세 개 이상의 평행선과 두 개의 횡단선이 교차할 때, 그 평행선들은 이 횡단선을 일정한 비율로 나눈다.)

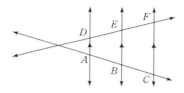

$$\frac{AB}{BC} = \frac{DE}{EF}, \quad \frac{AC}{DF} = \frac{BC}{EF}, \quad \frac{AC}{BC} = \frac{DF}{EF}$$

EX Write an equation(방정식) in slope-intercept form of the line that passes through $(3, 0)$ and is parallel(평행한) to the graph of $2x-3y=4$.

Solution

1) First, rewrite the equation in slope-intercept form to find the slope(기울기).

(기울기를 알아내기 위해 주어진 방정식을 slope-intercept form으로 고쳐 쓴다.)

$2x-3y=4$

$-3y=-2x+4$

$y=\frac{2}{3}x - \frac{4}{3}$ The slope(기울기) is $\frac{2}{3}$.

2) Using the slope-intercept form, write the equation.

$y=mx+b$

$0=\frac{2}{3}(3)+b$

$0=2+b \qquad b=-2$

$\therefore y=\frac{2}{3}x-2$ *Answer*.

Parallel Postulate, 평행 정리*　If there is a line and a point not on the line, then there exists exactly one line through the point that is parallel〔평행한〕 to the given line.

– 한 선 상에 있지 않은 점을 지나며 그 선에 평행한 선은 단 하나 뿐이다.

parallelogram, 평행사변형***　A quadrilateral〔사각형〕 in which *opposite sides*〔맞변〕 are parallel〔평행하다〕.

– 마주 보는 두 변이 평행한 사각형(quadrilalateral).

> 참고1　Any side of a parallelogram may be called a base(밑변). For each base, a segment(선분) called an altitude(높이) is a segment perpendicular(수직인) to the base and having its endpoints(끝점) on the lines containing the base and the *opposite side*(대변).
> (평행사변형의 마주 보는 평행한 두 변 사이를 수직으로 연결한 선분이 그 평행사변형의 높이다.)
>
> 참고2　Parallelogram Properties (평행사변형의 속성들)
> 1) *Opposite sides*(대변) of a parallelogram are congruent.
> 　(평행 사변형의 마주 보는 두 변은 합동이다.)
> 2) *Opposite angles*(대각) of a parallelogram are congruent.
> 　(평행사변형의 마주 보는 두 각은 합동이다.)
> 3) *Consecutive*(바로 옆에 있는) angles(각) in a parallelogram are supplementary(보각).
> 　(평행사변형의 바로 옆에 있는 두 각은 보각(합쳐서 180도)이다.)
> 4) The diagonals(대각선) of a parallelogram bisect(이등분한다) each other.
> 　(평행사변형의 대각선은 서로를 이등분한다.)

EX1 Determine whether the quadrilateral(사각형) $ABCD$ is a parallelogram(평행사변형) if its vertices(꼭지점들) are $A(-5, -3)$, $B(5, 3)$, $C(7, 9)$, and $D(-3, 3)$.
(이러한 꼭지점을 가진 사각형이 평행사변형인지 결정하라.)

Solution

Use the distance formula and the slope formula to determine if a quadrilateral in the coordinate plane is a parallelogram.
(거리 구하는 공식이나, 기울기 구하는 공식을 이용하여 그 사각형이 평행사변형인지 결정할 수 있다.)

1) First, graph the four vertices(꼭지점들).
   Connect them to form the quadrilateral(사각형).
2) Find the slope(기울기) of each segment(선분).

   Slope of segment $AB = \dfrac{3-(-3)}{5-(-5)} = \dfrac{6}{10} = \dfrac{3}{5}$

   Slope of segment $BC = \dfrac{9-3}{7-5} = \dfrac{6}{2} = 3$

   Slope of segment $CD = \dfrac{3-9}{-3-7} = \dfrac{-6}{-10} = \dfrac{3}{5}$

   Slope of segemtn $AD = \dfrac{3-(-3)}{-3-(-5)} = \dfrac{6}{2} = 3$

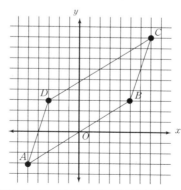

> 3) Both pairs of opposite sides have the same slope, thus are parallel.
> (마주하는 두 쌍의 변의 기울기가 같으므로 두 쌍의 변은 평행하다.)
> ∴ ABCD is a parallelogram.   *Answer.*

parallelogram law, 평행사변형의 법칙* The parallelogram law is the basis for a method〔방법〕 for adding two vectors. The two vectors with the same *initial point*〔시작점〕 form part of a parallelogram〔평행사변형〕. The resultant or sum〔합〕 of the two vectors is the diagonal〔대각선〕 of the parallelogram.

－평행사변형의 한 점에서 나오는 두 벡터의 합은 그 평행사변형의 대각선이 된다는 것.

EX
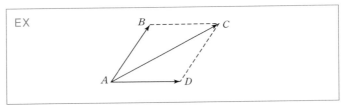

parent graph, 기본 그래프* The simplest of the graphs in a family of graphs.

－최소한 한 가지 이상 공통점을 갖는 여러 개의 그래프 중에서 가장 기본적인 그래프.

> 참고 일차방정식(linear functions)에서 parent graph의 식은 $y=mx$ 이다.

parentheses, 소괄호*** The curved lines〔비율〕 used to enclose〔하나로 묶다〕 a mathematical expression〔수식〕.

-어느 수식(mathematical expressions)을 하나로 묶어 주기 위해 사용하는 부호.

penny, 1센트* The coin〔동전〕 that is worth〔값〕 one cent in the U.S.

-미국에서 1센트에 해당하는 동전.

pentagon, 오각형* A polygon〔다각형〕 with five sides〔변〕.

-5개의 변으로 이루어진 다각형(polygon).

percent, 퍼센트(%), 백분율*** A ratio〔비율〕 that compares a number to 100.

-한 숫자의 100에 대한 비율.

EX Write $\frac{3}{5}$ as a percent.

Solution

$\frac{3}{5} = \frac{n}{100}$

$300 = 5n$

$60 = n$

$\therefore \frac{3}{5}$ is equal to $\frac{60}{100}$ or 60%.   *Answer*

---

percent of decrease, 몇 퍼센트 감소했는지** The ratio〔비율〕 of an amount〔금액〕 of decrease〔감소〕 to the previous amount, expressed as a percent.

-원래의 금액에서 얼마나 감소했는지를 퍼센트로 나타낸 것.

> EX When the *original amount*(원금) is $200 and the *new amount*(새로운 액수) is $150, find the percent of decrease.
> (200불짜리가 150불이 되었다면 몇 퍼센트 감소했는가?)
>
> *Solution*
> percent of decrease = $\dfrac{200-150}{200} = \dfrac{50}{200} = \dfrac{r}{100}$
> $200r = 5000$
> $r = 25$
> ∴ The percent of decrease is 25%   *Answer*.

.percent of increase, 몇 퍼센트 증가했는지**   The ratio〔비율〕 of an amount〔금액〕 of increase〔증가〕 to the previous amount, expressed as a percent.

– 원금에서 얼마나 증가했는지를 퍼센트로 나타낸 것.

> EX When the *original amount*(원금) is $50 and the *new amount*(새로운 액수) is $70, find the percent of increase.
> (50불 짜리가 70불이 되었다면 몇 퍼센트 증가했는가?)
>
> *Solution*
> percent of increase = $\dfrac{70-50}{50} = \dfrac{20}{50} = \dfrac{r}{100}$
> $50r = 2000$
> $r = 40$
> ∴ The percent of increase is 40%.   *Answer*.

percent proportion, 퍼센트 비율*** $\dfrac{\text{percentage}}{\text{base}} = \dfrac{r}{100}$

– 어느 값의 다른 값에 대한 백분율.

> 참고 위의 percent of decrease(increase) 문제 풀이를 참조할 것.
>
> EX　30 is what percent of 50?
>
> *Solution*
>
> $\dfrac{percentage}{base} = \dfrac{r}{100}$ (percent proportion)
>
> $\dfrac{30}{50} = \dfrac{r}{100}$
>
> $50r = 3000$
>
> $r = 60$
>
> ∴ 30 is 60% of 50. 　　　　　　　　　　　　*Answer.*

percentage, 퍼센티지** 　The number that is divided by the base in a percent proportion.

– 퍼센트 비율을 계산할 때 base로 나누어지는 수.

> EX　$\dfrac{3}{4} = \dfrac{75}{100}$에서 3이 percentage이고 이때 4를 base라고 한다.

perfect square, 완전제곱*** 　A rational number whose *square root* [제곱근] is a rational number.

– 어느 수 또는 식의 제곱이 되는 수.

> EX　4, 9, 16, (x^2+2x+1) 등은 perfect square(완전제곱)이다.
> 이때 2, 3, 4, $(x+1)$ 등을 각각 그 수(식)의 제곱근(square root)이라 한다.

perfect square trinomials, 완전제곱식** 　A trinomial [삼항식] which, when factored [인수분해], has the form $(a+b)^2 =$

$(a+b)(a+b)$ or $(a-b)^2=(a-b)(a-b)$.

- 인수분해했을 때 $(a+b)^2$ 또는 $(a-b)^2$의 형태로 되는 식.

참고 $(a+b)^2=a^2+2ab+b^2$
$(a-b)^2=a^2-2ab+b^2$

EX Determine whether $9n^2+49-42n$ is a perfect square trinomial.
$9n^2+49-42n$
$=9n^2-42n+49$
$=(3n)^2-2(3n)(7)+(7)^2$
$\therefore 9n^2+49-42n$ is a perfect square trinomial.
(완전제곱의 삼항식).

---

perimeter, 둘레*** The perimeter[둘레] of a geometric figure is the distance[거리] around it.

- 어느 도형의 둘레.

EX If the length(세로) of a rectangle(직사각형) is 3 times its width (가로), and if its area(면적) is 108, what is its perimeter(둘레)?
(세로가 가로의 3배이고 면적이 108인 직사각형의 둘레는?)

Solution
Let the length l and width w, $l=3w$
area $=3w^2=108$
$w^2=36$
$w=6$
perimeter $=w+w+3w+3w=8w=48$ *Answer*.

Permutation, 순열** An arrangement[정렬] of objects in which order is important

- 서로 다른 n개에서 r개를 택하여 순서를 고려하여 일렬로 나열하는 방법으로 nPr 혹은 P(n, r)로 표시한다.

> 참고 P(n, r)=n!/(n-r)!

> EX There are 8 finalists in a beauty pageant. How many ways can gold, silver, and bronze medals be awarded?
> 한 미인대회에서 8명의 최종후보가 결정되었다. 이중에 금, 은, 동 메달을 받을 세 명이 선택될수 있는 방법은 몇 가지가 있는가?
>
> *Solution*
> Since each winner will receive a different medal, order(순서) is important. You must find the number of permutations(순열) of 8 things taken 3 at a time.
> $P(n, r) = n!/(n-r)!$
> $P(8, 3) = 8!/(8-3)!$
> $ = 8!/5!$
> $ = 8 \cdot 7 \cdot 6 \cdot 5 \cdot 4 \cdot 3 \cdot 2 \cdot 1 / 5 \cdot 4 \cdot 3 \cdot 2 \cdot 1$
> $ = 8 \cdot 7 \cdot 6 \text{ or } 336$
> The gold, silver, and bronze medals can be awarded in 336 ways. *Answer.*

perpendicular bisector, 수직이등분선*** A bisector〔이등분선〕 of a segment that is perpendicular〔수직인〕 to the segment.

- 한 선분을 수직으로 이등분하는 선.

> 참고 Any point on the *perpendicular bisector*(수직이등분선) of a segment(선분) is equidistant(같은 거리의) from the endpoints (끝점) of the segment. (Any point equidistant form the endpoints of a segment lies on the perpendicular bisector of the segment.)
> (선분의 수직이등분선 상에 있는 점은 그 선분의 끝점으로부터 같은 거리이다.)

perpendicular bisector of a triangle, 삼각형의 수직이등분선**

A line or line segment that passes through the midpoint of a side of a triangle and is perpendicular to that side.

- 삼각형의 한 변을 수직으로 이등분하는 선.

EX
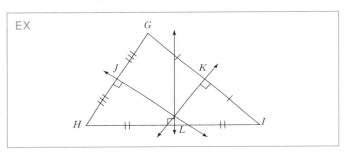

perpendicular lines, 수(직)선*** Two lines that meet to form *right angles* [직각].

- 서로 직각을 이루는 선.

참고 If the products(곱) of the slopes(기울기) of the two lines is −1, then the lines are perpendicular. (기울기의 곱이 −1이 되는 두 선은 수직이다.)

EX State the slope(기울기) of the line perpendicular(수직인) to the graph of $6x-5y=11$.

Solution
First arrange the equation in slope-intercept form.
$6x-5y=11$
$-5y=-6x+11$
$y=\dfrac{6}{5}x-\dfrac{11}{5}$ The slope is $\dfrac{6}{5}$.

Let x=the slope of the line perpendicular to this line.
$x\,(\dfrac{6}{5})=-1$

$$x = -\frac{5}{6} \qquad\qquad\qquad Answer.$$

perpendicular segment, 수직인 선분*   The perpendicular〔수직〕 segment〔선분〕 from a point to a line〔직선〕 is the shortest〔가장 짧은〕 segment from the point to the line. The perpendicular segment from a point to a plane〔평면〕 is the shortest segment from the point to the plane.

– 어느 직선이나 평면에 그은 가장 짧은 선분은 그 직선이나 평면에 수직인 선분이다.

perspective view*   The view from a corner of a figure.

– 어느 도형의 코너에서 바라본 모습.

참고 corner view를 참조할 것.

pi(π), 파이***   The ratio〔비율〕 of the circumference〔원주〕 to the diameter〔지름〕 of a circle, which is approximately〔대략〕 3.14159.

– 원주율이라고도 하며 원의 둘레의 지름(diameter)에 대한 비율을 나타내는 기호.

참고 π의 값은 3.14 혹은 $\frac{22}{7}$가 가장 많이 쓰인다.

pint, 파인트*   A unit〔단위〕 of volume〔부피〕 of liquid〔액체〕.

– 액체(liquid)의 단위(unit).

참고 1pint(*pt.*) = 4gills(*gi.*)
     2pints(*pt.*) = 1quart(*qt.*)

plane, 평면*** A basic undefined term of geometry〔기하〕. Planes can be thought of as flat surfaces that extend indefinitely〔무한히〕 in all directions and have no thickness〔두께〕. In a figure, a plane is often represented〔표시된다〕 by a parallelogram〔평행사변형〕. Planes are usually named by a *capital script letter*〔대문자〕 or by three noncollinear〔같은 선 상에 있지 않은〕 points on the plane.

- 기하의 기초가 되는 용어로서, 두께는 없고 무한하다고 여겨지는 것. 평행사변형 모양으로 대표되며, 필기체 대문자나 그 평면상에 있으면서 같은 선 상에 있지 않은 세 점으로 표시된다.

plane Euclidean geometry, 유클리드기하학* Geometry based on Euclid's axioms〔공리〕 dealing with a system of points, lines, and planes.

- 점, 선, 평면에 관한 유클리드의 공리에 기초한 기하이론.

plane figure, 평면도형* A geometric〔기하〕 figure〔도형〕 made by one plane〔평면〕.

- 한 평면(plane)으로 이루어진 도형(geometric figure).

Platonic solid, 플라톤의 입체* Any one of the five *regular polyhedrons*〔정다면체〕, tetrahedron〔정사면체〕, hexahedron〔정육면체〕, octahedron〔정팔면체〕, dodecahedron〔정십이면체〕, or icosahedron〔정이십면체〕.

- 다섯 개의 정다면체(regular polyhedron)를 일컫는 말.

EX

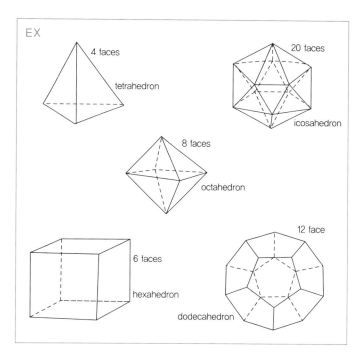

point, 점***   A basic undefined term of geometry. Points have no size. In a figure, a point is represented by a dot. Points are named by *capital letters* [대문자].

- 기하의 기초가 되는 용어로, 크기가 없고, 대문자를 써서 표시한다.

참고 Postulates(공리들) about points(점)

1. A line(선) contains at least two points.
(선은 최소한 두 개의 점을 포함한다.)
2. A plane(평면) contains at least three points not on the same line. (평면은 최소한 세 개의 점을 포함한다.)

point of reflection, 중점* Point S is the reflection of point R with respect to point Q, the point of reflection, if Q is the midpoint [중점] of the segment drawn from R to S.

- 두 점 사이의 중간에 있는 점.

> 참고 앞의 line of reflection을 참조할 것.

point of symmetry, 대칭점* The point of reflection for all points of a figure.

- 한 도형의 모든 점의 대칭의 중심이 되는 점.

> EX 아래 그림에서 P와 Q가 대칭점이다.
>
>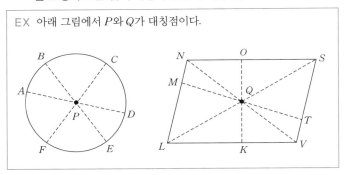

point of tangency, 접점* For a line that intersects [만나다] a circle in only one point, the point in which they intersect.

- 한 직선이 원과 한 점에서 만날 때 그 점을 말한다.

> 참고 접선(tangent line)은 point of tangency에서 그은 반지름과 수직을 이룬다.
>
> EX Refer to $\odot C$ with tangent AB. Find x.

Since $\overline{AB}$ is tangent to $\odot C$, $\overline{AB} \perp \overline{BC}$ by a theorem (If a line is tangent to a circle, then it is perpendicular to the radius drawn to the point of tangency). Therefore, $\triangle ABC$ is a right triangle.

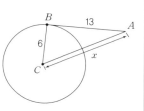

($\overline{AB}$가 원 C에 탄젠트이므로 $\overline{AB}$와 $\overline{BC}$는 수직이고, 따라서 $\triangle ABC$는 직각삼각형이다.)

By the Pythagorean Theorem, $(AB)^2 + (BC)^2 = (AC)^2$
(피타고라스 정리를 이용하여)
$13^2 + 6^2 = x^2$
$169 + 36 = x^2$
$x^2 = 205$
$x = \sqrt{205}$ or about 14.3 *Answer.*

point-slope form** For any point (x_1, y_1) on a nonvertical line having slope [기울기] m, the point-slope form of a *linear equation* [일차 방정식] is as follows : $y - y_1 = m(x - x_1)$.

- 일차방정식(linear equation)의 그래프를 그래프가 지나는 한 점과 기울기(slope)를 이용하여 표현한 것.

EX1 Write the point-slope form of an equation for a line that passes through $(-3, 5)$ and has a slope of $-\dfrac{3}{4}$.

Solution
$y - y_1 = m(x - x_1)$
$y - 5 = -\dfrac{3}{4}\{x - (-3)\}$

$y - 5 = -\dfrac{3}{4}(x+3)$

∴ An equation of the line is $y-5 = -\dfrac{3}{4}(x+3)$.

Answer.

EX2 Write an equation for line l.

Solution

Find the slope of line l, using the points $A(-3, 0)$ and $B(3, 6)$.
(주어진 두 점을 이용하여 선 l의 기울기를 구한다.)

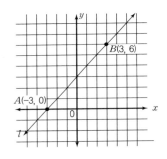

$m = \dfrac{y_2 - y_1}{x_2 - x_1}$

$= \dfrac{6-0}{3-(-3)}$

$= \dfrac{6}{6} = 1$

(slope은 1이다.)

Write the equation using the point-slope form.

$y - y_1 = m(x - x_1)$

$y - 0 = 1 \, [x - (-3)]$

$y = x + 3$

∴ An equation of the line l is $y = x + 3$. *Answer.*

polygons, 다각형** A closed figure formed by three or more coplanar〔같은 평면 상에 있는〕 segments〔선분〕 called sides〔변〕.

- 세 개 이상의 선으로 이루어진 도형.

참고 Interior Angle Sum Theorem ⇒ 다각형(n각형)의 내각의 합: $S=180(n-2)$

number of sides	name of polygon	sum of interior angles
3	triangle	$(3-2) \cdot 180=180$
4	quadrilateral	$(4-2) \cdot 180=360$
5	pentagon	$(5-2) \cdot 180=540$
6	hexagon	$(6-2) \cdot 180=720$
7	heptagon	$(7-2) \cdot 180=900$
8	octogon	$(8-2) \cdot 180=1,080$
9	nonagon	$(9-2) \cdot 180=1,260$
10	decagon	$(10-2) \cdot 180=1,440$
12	dodecagon	$(12-2) \cdot 180=1,800$
n	n-gon	$(n-2) \cdot 180$

polyhedron, 다면체* A closed three-*dimensional figure* [입체도형] made up of flat polygonal [다각형] regions. The flat regions formed by the polygons and their interiors are called faces [면]. Pairs of faces intersect in line segments are called edges [모서리]. Points where three or more edges in-tersect are called vertices [꼭지점].
- 다각형으로 이루어진 입체도형으로서, 각 도형은 면이라고 부르며 면과 면이 교차하는 선을 모서리, 세 개 이상의 모서리가 만나는 점을 꼭지점이라고 부른다.

polynomial, 다항식* A monomial or the sum [합] of monomials.

— 하나 또는 여러 개의 단항식의 합으로 이루어진 식.

polynomial equation, 다항방정식* An equation〔방정식〕 whose sides are both polynomials〔다항식〕.

— 양쪽 변(sides)이 모두 다항식(polynomials)으로 이루어진 방정식(equation).

positive, (+) 양수의*** Relating to a quantity〔수량〕 greater than zero.

— 0보다 큰.

positive correlation, 양의 상관관계* There is a positive correlation between x and y if the values are related in the same way.

— x의 값이 증가할 때 y 값도 증가하는 상관관계.

EX 다음의 그래프는 positive correlation을 보여준다.

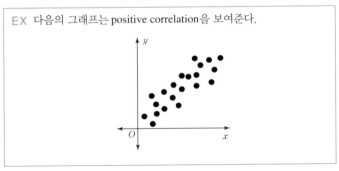

positive integer, 양의 정수*** Integers〔정수〕 that are greater than 0.

—0보다 큰 정수(integer).

positive sign (+)*** A symbol〔부호〕 showing a quantity〔수량〕 greater than zero.

—0보다 큰 수량을 말해 주는 부호(symbol).

positive number, 양수*** A number greater than zero.

—0보다 큰 수.

postulate, 공리** A statement〔명제〕 that describes a fundamental〔기본적인〕 relationship〔관계〕 between the basic terms of geometry〔기하〕. Postulates〔공리〕 are accepted as true without proof〔참〕.

—증명하지 않아도 참으로 여겨지는 기하에서의 원칙들.

power, 거듭제곱*** *Exponential expressions*〔지수식〕 such as 3^2 and 3^4 are called power of 3.

—제곱, 세제곱, 네제곱 등으로 나타내어지는 수나 식.

power of a monomial, 단항식의 거듭제곱수* For any numbers a and b, and any integers〔정수〕 m, n, and p, $(a^m b^n)^p = a^{mp} b^{np}$.

—단항식 $(a^m b^n)^p = a^{mp} b^{np}$가 된다.

EX Simplify $(2a^4 b)^3$.
$(2a^4 b)^3 = 2^3 (a^4)^3 b^3$
$= 2^3 a^{12} b^3$

power of a power, 거듭제곱수의 거듭제곱** For any numbers a and b, and any integers〔정수〕 m and n, $(a^m)^n = a^{mn}$.

- $(a^m)^n = a^{mn}$가 된다.

EX $(d^3)^5 = d^{15}$

power of a product, 곱의 거듭제곱** For all numbers a and b, and any integer m, $(ab)^m = a^m b^m$.

- $(ab)^m = a^m b^m$가 된다.

EX $(5pq)^5 = 5^5 p^5 q^5 = 3125 p^5 q^5$

preimage, 원상* For a transformation〔변환〕, if A is mapped onto A', then A is the preimage of A'.

- 변환되기 이전의 상.

prime factorization, 소인수분해** The expression of a positive integers as a product of factors〔인수〕 that are all *prime numbers*〔소수〕.

- 소수(prime number)의 곱(product)으로만 인수분해(factoring)하는 것.

EX Find the prime factorization of 140.
$140 = 2 \cdot 70$
$\quad = 2 \cdot 2 \cdot 35$
$\quad = 2 \cdot 2 \cdot 5 \cdot 7$ They are all *prime numbers*(소수).
or $2^2 \cdot 5 \cdot 7$ *Answer.*

prime number, 소수*** An integer〔정수〕 greater than 1 that has no positive *integral factor*〔약수〕 other than itself and 1.

- 1과 그 자신 외에는 약수를 가지지 않는 수.

> EX 2, 3, 5, 7, 11, 13…… 등.
>
> 참고 소수(prime number) 중 짝수(even number)는 2 하나뿐이다.

prime polynomial, 소다항식* A polynomial〔다항식〕 that cannot be written as a product〔곱〕 of two polynomials〔다항식〕 with *integral coefficients*〔정수로 된 계수〕 is called a prime polynomial.

- 정수의 계수로 된 두 개의 다항식의 곱으로 표시될 수 없는 다항식.

> EX Factor $2a^2-11a+7$.
> There are no factors of 14 whose sum is -11.
> (곱해서 14가 되고 더해서 -11이 되는 수가 없다.)
> Therefore, $2a^2-11a+7$ cannot be factored using integers.
> Therefore, $2a^2-11a+7$ is a prime polynomial.

principal, 자본** Money invested〔투자된〕 to gain〔얻다〕 interest〔이자〕.

- 이자(interest)를 얻기 위해 투자(invest)하는 돈.

> 참고 simple interest(단리)의 문제풀이를 참조할 것.

principal square root, 양의 제곱근* The nonnegative〔음수가 아닌〕 *square root*〔제곱근〕 of an expression.

- 음수(negative)가 아닌 제곱근(square root).

EX $\sqrt{25}$ represents the principal square root of 25.
$\sqrt{25} = 5$

prism, 각기둥* A solid〔입체〕 with two congruent〔모양이 같고〕 and parallel〔평행한〕 bases〔밑면〕, and *lateral faces*〔옆면들〕 that are shaped like parallelograms〔평행사변형〕.

- 두 모양이 같고 평행한 밑면과 평행사변형 모양의 옆면들로 이루어진 입체도형.

probability, 확률*** The ratio〔비율〕 that tells how likely it is that an event〔사건〕 will take place.

- 어느 사건이 일어날 비율.

참고 P(확률, event)

$$= \frac{\text{number of favorable outcomes}(\text{어느 사건이 일어날 수 있는 경우의 수})}{\text{total number of possible outcomes }(\text{일어날 수 있는 모든 경우의 수})}$$

(절대 일어날 수 없는 사건의 확률 P(probability)는 0이고,
반드시 일어나는 사건의 확률은 1이다.
그러므로 P는 항상 $0 \leq P(\text{event}) \leq 1$이다.)

EX1 Find the probability of the outcome that a 6 will occur if a dice(주사위) is rolled.
(주사위를 굴려서 6이 나올 확률(probability)을 구하라.)

Solution
Number of chances to get a 6 is 1.
Number of possible total outcomes is 6.
∴ $P = \frac{1}{6}$ *Answer.*

EX2 Two sides of quadrilateral $ABCD$ are chosen at random. What is the probability that the two sides are not congruent?

(사각형 $ABCD$의 두 변이 합동이 아닐 확률은?)

Solution

List the possible pairs of sides and determine which are not congruent. (모든 두 변을 비교해 본다)

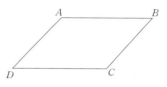

$\overline{AB}$ and $\overline{BC}$ not congruent
$\overline{AB}$ and $\overline{CD}$ congruent
$\overline{AB}$ and $\overline{AD}$ not congruent
$\overline{BD}$ and $\overline{CD}$ not congruent
$\overline{BC}$ and $\overline{AD}$ congruent
$\overline{CD}$ and $\overline{AD}$ not congruent

Four of 6 possibilities are not congruent.(6개 중 4개가 합동이 아니다.)

So the probability of choosing two sides at random that are not congruent is $\frac{4}{6}$ or $\frac{2}{3}$.   *Answer.*

problem-solving strategies(plan), 응용문제 푸는 법* The steps needed to solve *word problems*〔응용문제〕.

- 응용문제(word problem or verbal problem)를 풀기 위해 밟아야 할 단계들.

1. Explore the problem.
- 문제를 잘 읽고 무엇을 묻는 문제인지 알아낸다.
2. Plan the solution.
- 주어진 자료를 이용하여 변수를 정하고 방정식을 만든다.
3. Solve the problem.
- 식을 푼다.
4. Examine the solution.

- 답을 식에 대입하여 검토해 본다.

product, 곱*** The result of multiplication〔곱셈〕.

- 곱셈(multiplication)의 결과 얻어진 곱(product).

product of powers, 거듭제곱수의 곱** For any number a, and all integers m and n, $a^m \cdot a^n = a^{m+n}$.

- 밑(base)이 같은 제곱수를 곱하려면 지수(powers)끼리 더해 준다.

EX1 $(3a^6)(a^5) = 3a^{6+5} = 3a^{11}$

EX2 When $(5^x)(5^y) = \dfrac{5^v}{5^w}$, show y in terms of x, v, w.

Solution
$(5^x)(5^y) = 5^{x+y}$
$\dfrac{5^v}{5^w} = 5^{v-w}$
Therefore $x + y = v - w$
$y = -x + v - w$ *Answer.*

product property of square roots, 제곱근의 곱셈법칙** For any number a and b, where $a \geq 0$ and $b \geq 0$, $\sqrt{ab} = \sqrt{a} \cdot \sqrt{b}$.

- 근호 안에 있는 수는 두 개의 양수의 곱으로 표현할 수 있다.

EX $\sqrt{140} = \sqrt{2 \cdot 2 \cdot 5 \cdot 7} = \sqrt{2^2} \cdot \sqrt{5 \cdot 7} = 2\sqrt{35}$

proof, 증명** A logical argument showing that the truth of a hypothesis〔가정〕 guarantees the truth of the conclusion〔결론〕.

- 가정이 참이면 결론도 참임을 논리적으로 보여주는 것.

> 참고 보통 two culumn proof가 많이 사용되며, 왼쪽에는 Statements (명제들), 오른쪽에는 Reasons(이유)를 표시하는데, Reason으로서는 주어진 조건(given) 외에 여러 가지 property (속성), definition(정의), theorem/postulate(정리), corollary(계)를 사용한다.

EX

Statements	Reasons
1. Let S be the midpoint(중점) of $\overline{PR}$.	1. Every segment(선분) has exactly one midpoint(중점).
2. Draw auxiliary segment(보조선) QS.	2. Through any two points there is one line.(두 점을 지나는 선은 하나뿐이다.)
3. $\overline{PS} \cong \overline{RS}$	3. Definition(정의) of midpoint (중점),
4. $\overline{QS} \cong \overline{QS}$	4. Congruence of segments is reflexive(선분의 합동에 관한 성격)
5. $\overline{PQ} \cong \overline{RQ}$	5. Given (가정: 주어진 조건)
6. $\triangle PQS \cong \triangle RQS$	6. SSS(SIde-Side-Side, 세 변의 길이가 같은 합동)
7. $\angle P \cong \angle R$	7. CPCTC(Corresponding Parts of Congruent Triangles are Congruent)

proportion, 비례** An equation that states that two ratios [비율] are equal.

– 두 개의 같은 비율을 말해 주는 식.

> 참고 extremes(외항)와 means(내항)를 참조.

protractor, 각도기* A tool used to find the degree measure of angles.

−각도를 재는 데 사용하는 도구.

Protractor Postulate, 각도기 정리* Given a ray〔반직선〕$\overrightarrow{AB}$ and a number r between 0 and 180, there is exactly one ray〔반직선〕 with endpoint〔끝점〕 A, extending on either side of the ray $\overrightarrow{AB}$, such that the measure of the angle〔각〕 formed is r.

−0도에서 180도 사이에 있는 한 각을 나타내 주는 반직선은 단 하나뿐이다.

pyramid, 각뿔* A solid〔입체〕 with all faces, except one face, intersecting〔교차하는〕 at a point called the vertex〔꼭지점〕.

−밑면(base)을 제외한 모든 면이 꼭지점에서 만나는 입체(solid).

Pythagorean theorem, 피타고라스 정리*** In any *right triangle*〔직각삼각형〕, the square〔제곱〕 of the length of the hypotenuse〔빗변〕 equals the lengths of the other two sides.

−직각삼각형의 빗변의 제곱은 다른 두 변의 제곱의 합과 같다.

참고 The Converse(역) of the Pythagorean Theorem
If the sum(합) of the squares(제곱) of the measures(값) of two sides of a triangle(삼각형) equals the squares of the measure of the longest side, then the triangle is a right triangle.
(두 변의 제곱의 합이 가장 긴 변의 제곱과 같은 삼각형은 직각삼각형이다.)

EX Find the length of the hypotenuse of a right triangle if $a=12$ and $b=5$.

(두 변의 길이가 12와 5인 직각삼각형의 빗변의 길이를 구하라.)

Solution

$c^2=144+25=169$

$c=\pm\sqrt{169}=\pm 13$ (길이이므로 -13은 해당되지 않음.)

∴ $c=13$ *Answer.*

Pythagorean triple, 피타고라스의 수** Three whole numbers a, b, and c such that $a^2+b^2=c^2$.

- 피타고라스의 정리를 만족시키는 세 정수의 짝.

EX1 3, 4, 5 (왜냐하면 $3^2+4^2=5^2$이 되므로)

이밖에도 (5, 12, 13) (8, 15, 17) 등이 있다.

EX2 Determine if a triangle with side measures of 73, 90, and 51 forms a right triangle. That is, do 73, 90, and 51 form a Pythagorean tirple?

(세 변의 길이가 73, 90, 51인 삼각형이 직각삼각형인지 피타고라스의 수를 이용하여 알아보라.)

The measure of the longest side is 90. Use the converse of the Pythagorean Theorem. (가장 긴 변이 90이므로 피타고라스 정리를 이용하여 다음 식을 만든다.)

$a^2+b^2=c^2$

$73^2+51^2=(?)\,90^2$

$5329+2601=(?)\,8100$

$7930 \neq 8100$

Since $7930 \neq 8100$, the triangle is not a right triangle, and the three numbers do not form a Pythagorean triple.

(피타고라스의 정리가 성립되지 않으므로 이 삼각형은 직각삼각형이 아니며, 따라서 이 세 수는 피타고라스의 수가 아니다.)

Q

quadrant, 사분면*** One of the four regions formed by the *coordinate axes* [좌표축].

– 좌표축에 의해 이루어지는 4개의 영역.

> 참고 origin 설명에 있는 그림을 참조할 것.

quadratic equation, 이차방정식*** A *quadratic equation* [이차방정식] is one in which the value of the related *quadratic function* [이차함수] is 0.

– 관계되는 이차함수의 값을 0으로 만드는 방정식.

EX Solve $x^2 - 12x + 36 = 0$.

Solution
1) To solve by graphing, graph the related function.
 $f(x) = x^2 - 12x + 36$
The vertex(꼭지점) of the parabola(포물선) is at $(6, 0)$.
The equation of the *axis of symmetry*(대칭축) is $x = 6$.
x-intercept(x절편) is 6. The root(해) is 6.

Answer.

2) To solve by factoring(인수분해)

$x^2 - 12x + 36 = 0$

$(x-6)(x-6) = 0$

$x - 6 = 0$

$x = 6$ *Answer.*

quadratic formula, 근의 공식** A formula〔공식〕 for solving a *quadratic equation*〔이차방정식〕. For a quadratic equation $ax^2 + bx + c$, $(a \neq 0)$

$$x = \frac{-b \pm \sqrt{b^2 - 4ac}}{2a}$$

- 이차방정식을 푸는 공식(formula).

EX Use the *quadratic formula*(근의 공식) to solve $x^2 - 6x - 30 = 0$.

Solution

Substitute 1 for a, -6 for b, and -30 for c into the quadratic formula.

$$x = \frac{-(-6) \pm \sqrt{(-6)^2 - 4(1)(-30)}}{2(1)}$$

$$= \frac{6 \pm \sqrt{36 + 120}}{2} = \frac{6 \pm \sqrt{156}}{2} = \frac{6 \pm \sqrt{2^2 \cdot 39}}{2} = \frac{6 \pm 2\sqrt{39}}{2}$$

$$= 3 \pm \sqrt{39}$$

$x = 3 + \sqrt{39} = 9.24$

$x = 3 - \sqrt{39} = -3.24$

∴ $x = 9.24$ or -3.24 *Answer.*

quadratic function, 이차함수** A function〔함수〕 that can be described by an equation of the form $y = ax^2 + bx + c$, where $a \neq 0$.

- a가 0이 아닐 때 $y=ax^2+bx+c$로 표현되는 함수(function).

> 참고 이차함수 $y=ax^2+bx+c(a \neq 0)$ 그래프의 대칭축(axis of symmetry)을 구하는 공식은 $x=\dfrac{b}{2a}$이다.

quadrilateral, 사각형*** A four-sided polygon.

- 네 변으로 이루어진 다각형(polygon).

> 참고 사각형의 내각의 합은 360이다.

quart, 쿼트* A unit〔단위〕 of volume〔부피〕 of liquid〔액체〕.

- 액체(liquid)의 단위(unit).

> 참고 1quart($qt.$)=2pints
> 4quarts($qt.$)=1gallon

quartiles, 사분위*** In a set of data, the quartiles are values that divide the data into four equal parts.

- 한 자료를 작은 것으로부터 큰 것으로 정렬할 때 각 4분의 1의 위치에 있는 값.

> 참고 lower quartile, upper quartile을 참조할 것.

question, 질문*** An expression〔식〕 of inquiry〔질문〕 that calls for a reply〔대답〕.

- 답을 요하는 질문.

questionnaire, 질문지*　A form containing〔포함하는〕a set of questions to gather〔모으다〕informaiton〔정보〕.

–답을 요하는 질문.

quotient, 몫***　The quotient $a \div b$, $b \neq 0$, is the number whose product with b is a.

–어떤 수를 다른 수로 나눈 것.

quotient of powers**　For all integers〔정수〕m and n and any nonzero number a, $\dfrac{a^m}{a^n} = a^{m-n}$.

–거듭제곱수(power)의 나눗셈(몫).

EX　$\dfrac{x^3 y^5}{x y^2} = \left(\dfrac{x^3}{x}\right)\left(\dfrac{y^5}{y^2}\right) = (x^{3-1})(y^{5-2}) = x^2 y^3$

quotient property of square roots**　For any numbers a and b, where $a > 0$ and $b > 0$, $\sqrt{\dfrac{a}{b}} = \dfrac{\sqrt{a}}{\sqrt{b}}$.

–$a > 0$이고 $b > 0$일 때, $\sqrt{\dfrac{a}{b}} = \dfrac{\sqrt{a}}{\sqrt{b}}$ 가 된다.

EX　$\dfrac{\sqrt{63}}{\sqrt{7}} = \sqrt{\dfrac{63}{7}} = \sqrt{9} = 3$

R

radical equation, 무리방정식* An equation〔방정식〕that has a variable〔문자〕in the radicand〔근호 안에 들어가는 것〕.

– 루트 안에 문자가 포함되어 있는 방정식.

> 참고 radical equation은 irrational equation이라고도 한다.
>
> EX Solve $\sqrt{x}+5=8$.
> $\sqrt{x}+5=8$
> $\sqrt{x}+5-5=8-5$
> $(\sqrt{x})^2=3^2$
> $x=9$ *Answer*.

radical expressions, 무리식* An *algebraic expression*〔대수식〕containing〔포함하는〕roots〔근호〕.

– 근호(root)를 가지고 있는 대수식(algebraic experession).

> EX $\sqrt{x^3 y^2 z^5}$

radical sign, 근호, 루트($\sqrt{}$)**** The symbol $\sqrt{}$, indicating the principal or nonnegative root of an expression.

−루트를 표시해 주는 부호.

radicand, 근호 안에 있는 수** An expression beneath [아래] a *radical sign* [근호].

−루트 속에 들어 있는 수 또는 식.

EX $\sqrt{x^3y^2z^5}$에서 $x^3y^2z^5$가 radicand이다.

radius, 반지름*** A *line segment* [선분] that joins [연결하다] the center of a circle with any point on its circumference [원주].

−원의 중심과 원주(circmference) 상의 한 점을 연결해 주는 선분(Line segment).

random, 무작위** When an outcome [결과] is chosen without any preference, the outcome occurs at random.

−특정한 계획 없이 얻어지는 결과를 random outcome이라 한다.

range, 치역, 범위** 1. The set of all second coordinates [좌표] from the *ordered pairs* [순서쌍] in the relation.

−순서쌍에서 두 번째 좌표들 : 치역.

2. The difference [차이] between the greatest and the least values of a set of data.

−자료에서 가장 큰 값과 가장 작은 값의 차이 : 범위.

EX relation {(3, 2), (4, 6), (5, −1)}에서 range(치역)는 {−1, 2, 6}이다.
참고 이때 {3, 4, 5}를 domain(정의역)이라 한다.

rate, 속도, 비율** 1. The ratio〔비〕 of two measurements having different units〔단위〕 of measure.

－두 개의 다른 단위로 측정된 값의 비율〕

2. In the *percent proportion*〔퍼센트 비〕, the rate is the fraction〔분수〕 with a denominator〔분모〕 of 100.

－퍼센트에서 100을 분모(denominator)로 했을 때 분자(numerator)가 되는 것.

> EX Rate = $\dfrac{percentage}{base} = \dfrac{r}{100}$

ratio, 비율*** The ratio of one number to another(not zero) is the quotient〔몫〕 of the first divided by the second, in other words, a comparison of two numbers by division〔나누기〕.

－첫 수를 다음 수로 나눈 것.

> EX 'the ratio of x to y'는 다음과 같이 표현한다.
> x to y $x : y$ $\dfrac{x}{y}$

rational equations, 분수방정식** An equation〔방정식〕 that contains a *rational expression*〔분수식〕.

－분수식을 포함하는 방정식.

> EX Solve $\dfrac{10}{3x} - \dfrac{5}{2x} = \dfrac{1}{4}$.
> *Solution*
> $\dfrac{10}{3x} - \dfrac{5}{2x} = \dfrac{1}{4}$
> $12x(\dfrac{10}{3x} - \dfrac{5}{2x}) = 12x(\dfrac{1}{4})$

$$40 - 30 = 3x$$
$$10 = 3x$$
$$x = \frac{10}{3} \text{ or } 3\frac{1}{3}$$
Answer.

rational expression, 유리식(분수식)** An algebraic fraction〔분수〕 whose numerator〔분자〕 and denominator〔분모〕 are polynomials〔다항식〕.

- 분모, 분자가 다항식으로 되어 있는 대수식.

EX $\dfrac{7a}{a+5}$

rational number, 유리수** A real number that can be written as a fraction〔분수〕 $\dfrac{b}{a}$, where a and b are integers〔정수〕 and $b \neq 0$.

- 분수(fraction)의 형태로 표현될 수 있는 수.

rationalizing a denominator, 분모의 유리화* A method used to remove or eliminate〔제거하다〕 the radicals〔근호〕 from the denominator〔분모〕 of a fraction〔분수〕.

- 분모에 근호가 포함되지 않도록 식을 변형하는 것.

참고 $\dfrac{1}{\sqrt{a}+\sqrt{b}} = \dfrac{1}{\sqrt{a}+\sqrt{b}} \cdot \dfrac{\sqrt{a}-\sqrt{b}}{\sqrt{a}-\sqrt{b}} = \dfrac{\sqrt{a}-\sqrt{b}}{a-b}$ $(a \neq 0)$

EX Simplify $\dfrac{4}{4-\sqrt{3}}$.

Solution

$\dfrac{4}{4-\sqrt{3}} = \dfrac{4}{4-\sqrt{3}} \cdot \dfrac{4+\sqrt{3}}{4+\sqrt{3}}$

> ($4-\sqrt{3}$과 $4+\sqrt{3}$을 conjugates(켤레)라고 한다.)
> $$= \frac{4(4)+4\sqrt{3}}{4^2-(\sqrt{3})^2} = \frac{16+4\sqrt{3}}{16-3} = \frac{16+4\sqrt{3}}{13} \qquad Answer.$$

ray, 반직선** $\overrightarrow{PQ}$ is a ray if it is the set of points consisting of $\overrightarrow{PQ}$ and all points S on $\overrightarrow{PS}$ for which Q is between P and S.

– 일직선 위의 한쪽 방향에 있는 점 전체.

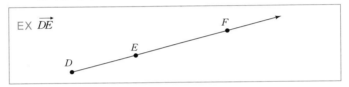

EX $\overrightarrow{DE}$

real numbers, 실수*** Any number that is either a *positive number* [양수], a *negative number* [음수], or zero. The set of *rational numbers* [유리수] and the set of *irrational numbers* [무리수] together from the set of *real numbers* [실수].

– 유리수와 무리수를 합친 수.

참고 다음 다이어그램(diagram)을 참조하라.

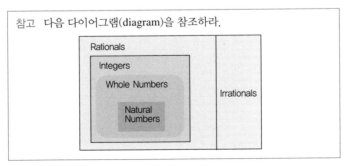

reciprocal, 곱셈에 대한 역원*** The *multiplicative inverse*〔곱셈에 대한 역원〕 of a number.

– 어느 수와 곱해서 1이 되는 수.

> EX 5와 $\frac{1}{5}$은 reciprocal, or multiplicative inverse(곱셈에 대한 역원)이다.

rectangle, 직사각형*** A quadrilateral〔사각형〕 with four *right angles*〔직각〕.

– 네 각이 직각(right angle)인 사각형(quadrilateral).

> 참고 1 Theorem about a rectangle(직사각형에 관한 정리)
> 1) If a parallelogram(평행사변형) is a rectangle(직사각형), then its diagonals(대각선) are congruent(합동이다).
>   (평행사변형이 직사각형이면 두 대각선은 합동이다.)
> 2) If the diagonals of a parallelogram are congruent, then the parallelogram is a rectangle.
>   (두 대각선이 합동인 평행사변형은 직사각형이다.)
>
> 참고 2 Properties of a rectangle(직사각형의 속성들)
> 1) Opposite sides are congruent and prarallel.
>   (직사각형의 대변은 합동이고 평행이다.)
> 2) Opposite angles are congruent.
>   (직사각형의 대각은 합동이다.)
> 3) Consecutive angles are supplementary.
>   (직사각형의 바로 옆에 있는 두 각은 보각이다.)
> 4) Diagonals are congruent and bisect each other.
>   (직사각형의 대각선은 합동이고 서로를 이등분한다.)
> 5) All four angles are right angles.
>   (직사각형의 네 각은 직각이다.)

> 참고3 Area(면적) of a rectangle(직사각형) $A=lw$ (l = length(세로), w = width(가로))
> Perimeter(둘레) of a rectangle(직사각형) $P=2l+2w$
> (l = length(세로), w = width(가로))

rectangular solid, 직육면체** A solid [입체] consisting [이루어져 있는] with six rectangular [직각사각형의] faces [면].

- 각 면(face)이 직사각형(rectangle)인 평행육면체.

reflection, 반사* A transformation [변환] that flips a figure over a line called the line of reflection.

- line of reflection을 중심으로 도형을 뒤집는 것.

> 참고 line of reflection과 point of reflection을 참조할 것.

reflexive property of equality* For any number a, $a=a$.

- 등식의 양변을 교환해도 결과는 같다.

> EX If $3+5=6+2$, then $6+2=3+5$.

regression line, 회귀선* The most accurate *best-fit line* [최적선] for a set of data, and can be determined with a graphing calculator or computer.

- 어느 자료의 가장 정확한 최적선(best-fit line)으로 그래픽 계산기나 컴퓨터로 알아볼 수 있다.

regular polygon, 정다각형** A *convex polygon* [볼록다각형]

with all sides〔변〕 congruent〔같다〕 and all angles〔각〕 congruent.

- 모든 변과 모든 각이 합동인 볼록다각형(convex polygon).

참고 Area(면적) of a *regular polygon*(정다각형) $A=\frac{1}{2}Pa$
(P=perimeter(둘레), a=apothem(변심거리))

EX Find the area of a regular octagon(정팔각형) that has a perimeter(둘레) 72 inches.
(둘레가 72인치인 정팔각형의 면적을 구하라.)

Solution
1. First find the apothem(변심거리) to use the formula(공식) for the area(면적).
(정다각형의 면적 구하는 공식에 사용할 변심거리를 구한다.)

The measure(값) of all *central angles*(중심각) is congruent(같다).
(중심각의 값은 같다.)

Therefore, the measure of each central angle is $\frac{360}{8}$ or 45.

The measure of each side is $\frac{72}{8}$ or 9.

As $\overline{OP}$ is the *perpendicular bisector*(수직이등분선) of $\overline{AB}$, the measure of $\overline{PB}=\frac{1}{2}(9)$ or 4.5.

Find the length of segment OP(apothem(변심거리)) using a *trigonometric ratio*(삼각비).

$\tan \angle BOP = \frac{PB}{OP}$

$\tan 22.5 = \frac{4.5}{OP}$

($\angle BOP$=22.5, PB=4.5)

$OP\,(tan\,22.5)=4.5$

$OP=\frac{4.5}{tan\,22.5}$

$OP\approx 10.9$

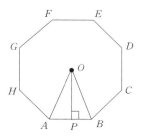

> 2. Now find the area using the formula.
> $A = \frac{1}{2}pa$
> $A = \frac{1}{2}(72)(10.9)$
> $A \approx 392.4$
> The area of the *regular octagon*(정팔각형) is about 392.4 square inches.
>
> *Answer.*

regular polyhedron, 정다면체* A polyhedron〔다면체〕in which all faces〔면〕are congruent〔합동인〕*regular polygons*〔정다각형〕.

- 모든 면이 합동인 정다각형으로 이루어진 입체도형.

regular prism, 정각기둥* A *right prism*〔직각기둥〕whose bases〔밑면〕are *regular polygons*〔정다각형〕.

- 밑면이 정다각형인 직각기둥.

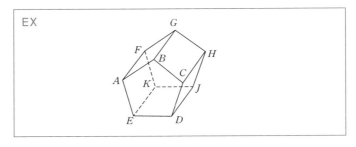

regular pyramid, 정각뿔* A pyramid〔각뿔〕whose base〔밑면〕is a *regular polygon*〔정다각형〕and in which the segment from the vertex〔꼭지점〕 to the center of the base is perpendicular〔수직인〕 to the base. This segment is called the altitude〔높이〕 of the pyramid.

- 밑면이 정다각형이고 꼭지점에서 밑면의 중심을 잇는 선이 수직인 각뿔.

> 참고 *Lateral Area*(옆면적) of a *regular pyramid*(정각뿔)
> $L = \frac{1}{2} Pl$ (P = perimeter(둘레) of the base(옆면),
> l = slant height(모선의 높이))
>
> *Surface Area*(겉넓이) of a regular pyramid
> $T = \frac{1}{2} Pl + B$ (P = perimeter of the base,
> l = slant height,
> B = area of the base(밑면))

regular tessellation, 정다각형의 배열* A tesselation〔바둑판 배열〕 consisting entirely of *regular polygons*〔정다각형〕.

- 정다각형만을 사용하여 배열하는 것.

relation, 관계* A set of *ordered pairs*〔순서쌍〕.

- 순서쌍의 집합.

remainder, 나머지** The number left over when one integer〔정수〕 is divided by another.

- 어느 수를 다른 수로 나누어 얻은 몫(quotient)의 나머지.

> EX 10을 3으로 나눈 몫(quotient)은 3이고 나머지(remainder)는 1이다.

remote interior angles*　The angles of a triangle that are not adjacent to a given *exterior angle*〔외각〕.

–주어진 외각(exterior angle)과 접해 있지(adjacent) 않은 두 내각(interior angle).

> 참고　삼각형의 외각(exterior angle)의 크기는 두 remote interior angles의 합과 같다.
>
> EX　아래 삼각형에서 외각(exterior angle) ∠CBD에 대하여 ∠A와 ∠C가 remote interior angles이다.
>
>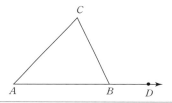

repeating decimals, 순환소수*　Recurring demicals.

–유리수(rational numbers) 중에 소수(decimal)로 나타낼 때 일정한 수가 계속 반복되는 소수.

> 참고　순환소수를 무한소수라고 하며 무한소수가 아닌 소수를 terminating decimals(유한소수)라 한다.
>
> EX　$\dfrac{1}{3} = 0.333333\cdots\cdots$
>
> 　　$\dfrac{1}{7} = 0.142857142857\cdots\cdots$

replacement set*　A set of numbers from which replacements for a variable may be chosen.

–문자에 대입할 수의 집합.

EX Find the *solution set*(해집합) for $x+5 \leq 7$, if the replacement set is {0, 1, 2, 3, 4}.

Solution
If $x=0$, $0+5 \leq 7$?   True
If $x=1$, $1+5 \leq 7$?   True
If $x=2$, $2+5 \leq 7$?   True
If $x=3$, $3+5 \leq 7$?   False
If $x=4$, $4+5 \leq 7$?   False
Therefore, the solution set for $x+5 \leq 7$ is {0, 1, 2}.
Answer.

resultant, 합력*   The sum〔합〕of two or more vectors.

- 두 개 이상의 벡터의 합.

rhombus, 마름모**   A quadrilateral〔사각형〕with all four sides congruent〔같다〕.

- 네 변의 길이가 같은 사각형.

참고1 Area(면적) of a rhombus(마름모) $A = \frac{1}{2} d_1 d_2$
(d_1 and d_2 : diagonals(대각선))
rhombus의 복수는 rhombi라 한다.

참고2 The theorems about rhombi: 마름모에 대한 정리들
1) The diagonals(대각선) of a rhombus(마름모) are perpendicular(수직).
(마름모의 대각선은 서로 수직이다.)
2) If the diagonals(대각선) of a parallelogram(평행사변형) are perpendicular(수직), then the parallelogram is a rhombus(마

> 름모).
> (한 평행사변형의 대각선이 서로 수직이면 그 평행사변형은 마름모이다.)
> 3) Each diagonal(대각선) of a rhombus(마름모) bisects(이등분한다) a pair of *opposite angles*(대각).
> (마름모의 대각선은 마주 보는 대각을 이등분한다.)

right angle, 직각*** An angle whose degree measure is 90.

– 크기가 90°인 각.

right circular cone, 직원뿔* A cone〔원뿔〕 that has a circular base and whose axis(the segment from the vertex to the center of the base)〔축〕 is perpendicular〔수직인〕 to the base〔밑변〕. The axis is also the altitude〔높이〕 of the cone〔원뿔〕.

– 축이 밑변과 직각인 원뿔.

> 참고 *Lateral area*(옆면적) of a *right circular cone*(직원뿔)
> $L = \pi r l$ (r = radius(반지름) of the base(밑면), l = slant height(모선의 높이))
> *Surface area*(겉넓이) of a *right circular cone*(직원뿔)
> $T = \pi r l + \pi r^2$ (r = radius(반지름) of the base(밑면), l = slant height(모선의 높이))
> Volume(부피) of a *right circular cone*(직원뿔)
> $V = \frac{1}{3} Bh$ (B = area of base(밑면), h = height(높이))
>
> EX Find the *lateral area*(옆면적) and the *surface area*(겉넓이) of a cone(원뿔) if the *slant height*(모선의 높이) is 13 feet and the diameter(지름) of the base(밑면) is 10 feet.

(모선의 높이가 13피트이고, 밑면의 지름이 10피트인 원뿔의 옆면적과 겉넓이를 구하라.)

Solution
Since the diameter(지름) is 10 feet, the radius(반지름) is 5 feet.
$L = \pi r l$
$= \pi(5)(13)$
$= 65\pi$
$\approx 204.2 \ ft^2$
$T = \pi r l + \pi r^2$
$= \pi(5)(13) + \pi(5)2$
$= 90\pi$
$\approx 282.7 \ ft^2$

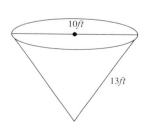

right cylinder, 직기둥* A cylinder[원기둥] whose axis[축] is also an altitude[높이].

- 축이 밑변과 직각인 원기둥.

참고 Volume(부피) of a *right cylinder*(직기둥) : $V = \pi r^2 h$
(h = height(높이))
Lateral area(옆면적) of a right cylinder : $L = 2\pi r h$
(h = height)
Surface area(겉넓이) of a right cylinder : $T = 2\pi r h + 2\pi r^2$
(h = height)

EX1 Find the volume of the right cylinder.
Solution
1. Find the height using the Pythagorean Theorem.
(먼저, 피타고라스의 정리를 이용하여 높이를 구한다.)

$$h^2+8^2=17^2$$
$$h^2=17^2-8^2$$
$$h^2=225$$
$$h=15$$

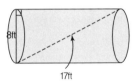

2. Now find the volume.
$$V=\pi r^2 h$$
$$=\pi(4)^2(15)$$
$$=240\pi$$
$$\approx 754.0\,ft^3 \qquad\qquad Answer.$$

EX2 The *surface area*(겉넓이) of a *right cylinder*(직기둥) is $603.2\,cm^2$. If the height(높이) is 16 centimeters, find the radius(반지름) of the base(밑면).

Solution
$$T=2\pi rh+2\pi r^2$$
$$603.2=2\pi r(16)+2\pi r^2$$
$$603.2=100.5r+6.3r^2$$
$$0=6.3r^2+100.5r-603.2$$

Solve this equation using the *quadratic formula*(근의 공식).
$$r=\frac{-b\pm\sqrt{b^2-4ac}}{2a}$$
$$=\frac{-100.5\pm\sqrt{100.5^2-4(6.3)(-603.2)}}{2(6.3)}$$
$$(a=6.3,\ b=100.5,\ c=-603.2)$$
$$\approx -20.6 \text{ or } 4.7$$

Since it is a radius, it is 4.7 centimeters.

Answer.

right prism, 직각기둥* A prism〔각기둥〕 in which the *lateral edges*〔모선〕 are also altitudes〔높이〕.

– 옆면 모서리가 높이인 각기둥.

> 참고 *Lateral area*(옆면적) of a right prism.
> $L = Ph$
> $\quad$ (P=perimeter(둘레) of the base(밑면), h=height(높이))
>
> *Surface area*(겉넓이) of a right prism.
> $T = Ph + 2B$
> $\quad$ (P=perimeter of the base, h=height,
> $\quad$ B=area of base)
>
> Volume(부피) of a right prism.
> $V = Bh$
> $\quad$ (B=area of base, h=height)

right pyramid, 직각뿔* A pyramid〔각뿔〕 in which the *perpendicular line*〔수직선〕 from the vertex〔꼭지점〕 meets the center of the base〔밑면〕.

– 꼭지점에서 수직으로 그은 선이 밑변의 중점과 만나는 각뿔.

> 참고 Volume(부피) of a *right pyramid*(직각뿔)
> $V = \frac{1}{3}Bh$ (B=area of base(밑면), h=height(높이))

right triangle, 직각삼각형** A triangle〔삼각형〕 having one angle with a measure〔크기〕 of 90 degrees.

– 한 각이 90도인 삼각형.

참고 Theorems about right triangles: 직각삼각형에 관한 정리들
1. In a 45° 45° 90° triangle, the hypotenuse(빗변) is $\sqrt{2}$ times as long as a leg.
   (세 각이 45도, 45도, 90도인 삼각형의 빗변은 다른 변의 $\sqrt{2}$배이다.)
2. In a 30° 60° 90° triangle, the hypotenuse(빗변) is twice as long as the shorter leg, and the longer leg is $\sqrt{3}$ times as long as the shorter leg.
   (세 각이 30도, 60도, 90도인 삼각형의 빗변은 다른 변 중 짧은 변의 2배이고, 긴 변은 짧은 변의 $\sqrt{3}$ 배이다.)
3. If the altitude(높이) is drawn from the vertex(꼭지점) of the *right angle*(직각) of a *right triangle*(직각삼각형) to its hypotenuse(빗변), then the two triangles(삼각형) formed are similar(닮음) to the given triangle and to each other.
   (직각삼각형의 직각인 꼭지점으로부터 빗변에 수직으로 그은 높이로 이루어지는 두 삼각형은 서로 닮은꼴이다.)
4. The measures(값) of the altitude(높이) drawn from the vertex(꼭지점) of the the *right angle*(직각) of a *right triangle*(직각삼각형) to its hypotenuse(빗변) is the *geometric mean*(기하평균) between the measures of the two segments(선분) of the hypotenuse.
   (직각삼각형의 직각인 꼭지점으로부터 빗변에 수직으로 그은 높이의 값은 빗변의 두 선분의 값의 기하평균이다.)
5. If the altitude(높이) is drawn to the hypotenuse(빗변) of a *right triangle*(직각삼각형), then the measure(크기) of a leg(변) of the triangle(삼각형) is the geometric mean(기하평균) between the measures(값) of the hypotenuse and the segment(선분) of the hypotenuse adjacent(옆에 있는) to that leg.
   (직각삼각형의 빗변으로 높이를 그으면, 그 삼각형의 다른 한 변의 크기는 빗변의 값과 그 변 바로 옆에 있는 변의 값의 기하평균이다.)

EX Find a and b in $\triangle TGR$.

Solution

According to the above theorem #5,

$\dfrac{TN}{TG} = \dfrac{TG}{TR}$

$\dfrac{2}{a} = \dfrac{a}{6}$ (Cross multiply)

$a^2 = 12$

$a = \sqrt{12}$

$a \approx 3.46$

$\dfrac{NR}{RG} = \dfrac{RG}{RT}$

$\dfrac{4}{b} = \dfrac{b}{6}$ (Cross multiply)

$b^2 = 24$

$b = \sqrt{24}$

$b \approx 4.90$

rise, y축 방향*  The vertical [수직적] change [변화] in a line.

- 어느 선이 위로 얼마나 올라가느냐 하는 것.

참고 이때 horizontal(수평적) change (변화)는 run이라 한다.

EX 오른쪽의 그래프에서 line의 slope(기울기)을 구하려면

$\dfrac{\text{change in } y(\text{rise})}{\text{change in } x(\text{run})}$

$= \dfrac{4}{5}$

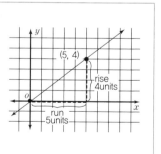

roots, 답, 근, 해*** The solutions of a quadratic equation [이

차방정식].

- 이차방정식(quadric equation)의 답.

rotation, 회전* A transformation〔변환〕that is the composite of two reflections with respect to two intersecting lines. The intersection of the two lines is called the *center of rotation*〔회전중심〕.

- 두 개의 회전중심에 따라 두 번 뒤집는 변환.

EX Find the rotation image of rhombus $ABCD$ over lines m and n using reflection.

(선 m과 n에 대한 사다리꼴 $ABCD$의 회전상을 구하라.)

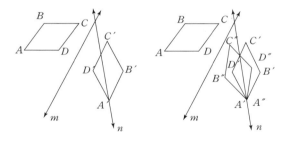

First reflect rhombus $ABCD$ over line m.
(선 m에 대하여 사다리꼴 $ABCD$를 뒤집는다.)
Label the image $A'B'C'D'$
(이렇게 하여 생긴 도형을 $A'B'C'D'$라고 칭한다.)

Next, reflect the image over line n.
(이 도형을 선 n에 대하여 뒤집는다.)
Label this reflection $A''B''C''D''$.

> (이렇게 하여 생긴 도형을 $A''B''C''D''$라 칭한다.)
>
> Rhombus $A''B''C''D''$ is a rotation image of rhombus $ABCD$.
> (이 사다리꼴 $A''B''C''D''$가 사다리꼴 $ABCD$의 회전상이다.)

round off, 반올림*** To keep all of the digits to the left of the specified place and keep the digit of that place if the next digit is less than 5 and increase that digit by 1 if the next digit is 5 or bigger. If there are still digits to the left of the *decimal point*〔소수점〕, change them to 0's and eliminate the decimal point and everything that follows it.

– 어느 자리에 있는 수 다음 수가 5보다 크면 그 자리 수에 1을 더해 주고 5보다 작으면 그대로 둔 후에 그 아래에 수가 더 있으면 제로로 만들어 주는 것.

> EX If you round off 4238.567
> to the nearest thousand(천 단위까지 반올림하면), it becomes 4000
> to the nearest hundred(백 단위까지 반올림하면), it becomes 4200
> to the nearest ten(십 단위까지 반올림하면), it becomes 4240
> to the nearest one(일 단위까지 반올림하면), it becomes 4239
> to the nearest tenth(소수점 아래 첫 자리까지 반올림하면), it becomes 4239.6
> to the nearest hundredth(소수점 아래 두 자리까지 반올림하면), it becomes 4238.57

Ruler Postulate* The points on any line can be paired with real numbers so that, given any two points P and Q on the line, P corresponds to zero, and Q corresponds to a positive number.

 - 직선 상에 있는 모든 점은 실수로 나타내어지며, 한 점은 0으로 놓고 다른 점은 양수로 놓아 두 점 사이의 거리를 계산하는 것.

run, x축 방향* The horizontal〔수평적〕 change〔변화〕 in a line.

 - 선이 옆으로 얼마나 가 있느냐 하는 것.

> 참고 이때 vertical(수직적) change(변화)는 rise라 한다.

S

sample space, 표본공간* The set of all possible outcomes〔결과〕 of a random〔무작위〕 experiment.

- 무작위로 실험을 했을 경우 나올 수 있는 모든 가능한 결과들의 집합.

sampling, 표본조사* A set〔집합〕 of elements〔원소〕 drawn〔추출된〕 from and analyzed〔분석된〕 to estimate〔짐작하다〕 the characteristcs〔특성〕 of a population〔집단〕.

- 몇 개의 표본(sample)을 조사하여 확률적으로 전체 집단의 성질 또는 경향을 결정하는 방법.

SAS Inequality(Hinge Theorem)* If two sides〔변〕 of one triangle〔삼각형〕 are congruent〔합동〕 to two sides〔변〕 of another triangle, and the *included angle*〔끼인각〕 in one triangle is greater than the included angle in the other, then the third side of the first triangle is longer than the third side in the second triangle.

- 두 변의 크기가 같은 두 삼각형에서, 한 삼각형의 끼인각의 크기가 다른 삼각형의 끼인각의 크기보다 크면, 첫 삼각형의 셋째 변의

길이는 다른 삼각형의 셋째 변의 길이보다 길다.

SAS Postulate(Side-Angle-Side), SAS 합동* If the sides〔변〕and the *included angle*〔끼인각〕of one triangle〔삼각형〕are congruent〔합동〕to two sides and the included angle of another triangle, then the triangles are congruent.

- 두 변과 끼인각의 크기가 같은 두 삼각형은 합동이다.

SAS Similarity(Side-Angle-Side), SAS 닮음* If the measures〔크기〕of two sides〔변〕of a triangle〔삼각형〕are proportional〔비례하다〕to the measures of two *corresponding sides*〔대응변〕of another triangle and the *included angles*〔끼인각〕are congruent〔합동〕, then the triangles are similar〔닮음〕.

- 두 변의 길이의 비가 같고, 끼인각의 크기가 같은 두 삼각형은 닮음이다.

scalar multiplication, 행렬의 곱셈* In scalar multiplication, each element of a matrix〔행렬〕is multiplied by a constant〔상수〕. Multiplication of a vector by a real number.

- 행렬(matrix)의 각 원소(element)를 상수(constant)로 곱하는 것. 벡터(bector)를 실수(real number)로 곱하는 것.

EX
$$m \begin{bmatrix} a & b & c \\ d & e & f \end{bmatrix} = \begin{bmatrix} ma & mb & mc \\ md & me & mf \end{bmatrix}$$

scale, 스케일** A ratio〔비율〕called a scale is used when making a model to represent something that is too large or too small to be conveniently drawn at *actual size*〔실물 크기〕.

−실물이 너무 크거나 작아서 그 모델을 만들 때, 실물과 모델의 비율.

> EX John made a model of a truck to the scale of 1 to 12. If the actual truck was 18 feet long, what would be the length of the model truck?(존은 12대 1의 비율로 축소된 트럭을 만들었다. 실제 트럭이 18피트라면 모델 트럭의 길이는?)
>
> *Solution*
> 18 feet = 216 inches (1 feet = 12 inches)
> $\frac{1}{12} = \frac{x}{216}$ $12x = 216$ $x = 18$ (inches)
>
> Therefore, the length of the model truck was 18 inches.
>   *Answer*.

scale factor, 축척** 1. The ratio〔비율〕 of the lengths of two corresponding sides of two *similar polygons*〔닮은 다각형〕 or *similar solids*〔닮은 입체〕.

−닮은 두 다각형이나 입체도형에서 대응변의 길이의 비.

2. For a *dilation transformation*〔확장/축소 변환〕 with center C, the number k such that $ED = k(AB)$, where E is the image of A and D is the image of B.

−확대/축소 변환에서 확대/축소 비율.

> 참고 1. scale factor(축척)가 1인 두 다각형은 합동이다.
>
> 2. If two solids(입체) are similar(합동) with a *scale factor*(축척) of $a:b$, then the *surface areas*(겉넓이) have a ratio(비율) of $a^2:b^2$ and the volumes(부피) have a ratio of $a^3:b^3$.
> (닮은 두 입체의 축척이 $a:b$일 때, 두 입체의 겉넓이의 비율은 $a^2:b^2$ 이고 부피의 비율은 $a^3:b^3$이 된다.)

EX1 아래쪽의 두 닮은 사각형에서 사각형 $EFGH$의 $ABCD$에 대한 scale factor(축척)는 $\frac{1}{2}$이다.

EX2 아래쪽의 두 닮은 직육면체에서 scale factor는 $\frac{1}{4} = \frac{3}{12} = \frac{5}{20}$이다.

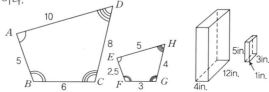

EX3 Jinhee constructed a gigantic pencil which is 16 feet long and has a radius of 6 feet and a volume of 160 cubic inches. What is the scale factor between the gigantic pencil and a similar real pencil which is 7 inches long? What is the approximate volume of the 7 inch real pencil?

(진희는 길이가 16피트, 반지름이 6피트, 부피가 160 세제곱 인치인 연필 모형을 만들었다. 이 모형과 길이가 7인치인 실제 연필과의 축척을 구하고 실제 연필의 부피를 구하라.)

Solution

1. Write the ratio between the gigantic pencil and the real pencil. (모형 연필과 실제 연필과의 비율을 써본다.)

$\frac{192}{7}$ (16feet is $16 \cdot 12 = 192$inches.)

The *scale factor*(축척) is $192 : 7$.   *Answer*.

2. As when the scale factor is $a : b$, the ratio of the volumes of the similar solids is $a^3 : b^3$, the ratio of volume is
(부피의 비는 축척의 세제곱이므로 부피의 비는,)

$\frac{192^3}{7^3}$

$= \frac{7,077,888}{343} = \frac{160}{x}$

> 7,077,888x = 54,880 (Multiply cross products.)
>
> $x \approx 0.008$
>
> The volume of a real pencil is about 0.008 in³. *Answer*.

scalene triangle, 부등변삼각형* A triangle with no two sides congruent.

– 세 변의 길이가 각각 다른 삼각형.

scatter plot* In a scatter plot, the two sets of data are plotted as *ordered pairs*〔순서쌍〕 in the *coordinate plane*〔좌표평면〕.

– 어느 자료를 좌표평면 위에 순서쌍으로 나타낸 것.

참고 best-fit line을 참조할 것.

scatter plot graph, 점그래프* A graph showing data〔자료〕 using dots〔점〕.

– 점으로 나타낸 그래프.

scientific notation, 십진법의 표기법** A number expressed in the form $a \times 10^n$, where $1 \leq a \leq 10$ and n is an integer〔정수〕.

– 어느 수를 1에서 10 사이의 수 곱하기 10의 거듭제곱으로 나타내는 것.

EX $15000 = 1.5 \times 10^4$

secant, 시컨트(할선)** For a circle, a line that intersects the

circle in exactly two points.

- 원과 정확히 두 점에서 만나는 선.

> 참고 Theorems about secants (할선에 관한 정리들)
>
> 1. If a secant(할선) and a tangent(접선) intersect(교차하다) at the *point of tangency*(접점), then the measures(크기) of each angle (각) formed is one-half the measure of its intercepted arc(호).
> (한 할선과 접선이 접점에서 만날 때, 생기는 각의 크기는 그로 인해 생기는 호의 크기의 반이다.)
>
> 2. If two secants(할선) intersect(교차하다) in the interior(내부) of a circle(원), then the measures(크기) of an angle formed in one-half the sum of the measures of the arcs intercepted by the angle and its *vertical angle*(맞꼭지각).
> (두 할선이 원의 내부에서 교차할 때 생기는 각의 크기는, 그로 인해 생긴 호들의 크기와 맞꼭지각의 합의 반이다.)
>
> 3. If two secants(할선), a secant and a tangent(접선), or two tangents intersect(교차하다) in the exterior(외부) of a circle, then the measure of the angle formed is one-half the positive difference(차이) of the measures of the intercepted arcs.
> (두 할선, 한 할선과 접선, 또는 두 접선이 원의 내부에서 만날 때 생기는 각의 크기는 그로 인해 생기는 호의 값의 차이의 반이다.)
>
> EX Find the value of x.
>
> *Solution*
> As $\angle R$ is formed by a secant and tangent,
> (using the above theorem #3)
> $m\angle R = \dfrac{1}{2}\{(4x+5)-50\}$
> $x+2.5 = \dfrac{1}{2}(4x-45)$
> $x+2.5 = 2x-22.5$
> $x = 25$ *Answer*.

secant segment, 할선* A segment from a point exterior to a circle to a point on the circle and containing a chord of the circle. The part of a secant segment that is exterior to the circle is called an external secant segment.

– 원 밖의 한 점에서 시작하여 원 위의 한 점과 현을 포함하는 선분.

> EX 오른쪽 그림에서 선분 $\overline{EC}$와 $\overline{EB}$가 secant segments이다.
> 또한 원 밖으로 나와 있는
> 선분 $\overline{EA}$와 $\overline{ED}$는 external
> secant segments이다.

second, 초, 두 번째** 1. A unit of time equal to one sixtieth of a minute.

– 1분의 60분의 1에 해당하는 시간의 단위.

2. Something that is after the first one.

– 첫 번째 다음에 나오는 것.

sector, 부채꼴* A region bounded by a *central angle*〔중심각〕 and the intercepted arc〔호〕.

– 중심각과 호로 이루어지는 도형.

> 참고 Area(면적) of sector(부채꼴) $A = \dfrac{N}{360}\pi r^2$
> (N = measure of *central angle*(중심각) r = radius(반지름))
> 기하에 관한 확률 문제(geometric probability)를 풀 때 부채꼴의 면적이 필요하다.
>
> EX Find the probability to get $200 reward or a free move on the

game spinner shown at the right.

(이 스피너에서 200불이나 free move가 나올 확률을 구하라.)

Solution

1. Find the area of the sector of '200 reward'.

    (200불짜리 부채꼴의 면적을 구한다.)

    $A = \dfrac{N}{360}\pi r^2$

    $= \dfrac{60}{360}\pi r^2$

    $= \dfrac{1}{6}\pi r^2$

2. Find the area of the sector of 'Free Move'. (free move 부채꼴의 면적을 구한다.)

    $A = \dfrac{N}{360}\pi r^2$

    $= \dfrac{80}{360}\pi r^2$

    $= \dfrac{2}{9}\pi r^2$

3. Total area of the two sectors is $\dfrac{1}{6}\pi r^2 + \dfrac{2}{9}\pi r^2 = \dfrac{7}{18}$.

    The geometric probability P (200 reward or free move)

    $= \dfrac{\dfrac{7}{18}}{1\pi r^2} = \dfrac{7}{18}$

    The probability(확률) to get $200 reward or a free move is $\dfrac{7}{18}$ or about 39%. *Answer.*

segment, 선분*** A part of a line that consists of two points, called endpoints(끝점), and all the points between them.

– 끝점과 그 사이의 모든 점들로 이루어진 선.

Segment Addition Postulate, 선분의 덧셈에 대한 공리*   If Q is between P and R, then $\overline{PQ}+\overline{QR}=\overline{PR}$. If $\overline{PQ}+\overline{QR}=\overline{PR}$, then Q is between P and R.

- 한 점이 두 점 사이에 있으면 그 한 점으로부터 다른 점까지의 거리를 더한 합은 양 끝에 있는 두 점 사이의 거리와 같다. 한 점으로부터 다른 두 점까지의 거리의 합이 그 양 끝점 사이의 거리와 같을 때 그 한 점은 이 두 끝점 사이에 있다.

> EX   Find $\overline{AB}$ if A is between C and B, $\overline{CA}=6x-5$, $\overline{AB}=2x+3$, and $\overline{CB}=30$.
>
> *Solution*
> 이런 문제를 푸는 가장 좋은 방법은 그림을 그려 보는 것이다.
>
>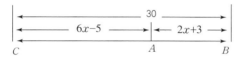
>
> $6x-5+2x+3=30$
> $8x-2=30$
> $8x=32$
> $x=4$
> $\overline{AB}=2(4)+3=11$ *Answer.*

segment bisector, 선분의 이등분선**   A segment, line, or plane that intersects a segment〔선분〕 at its midpoint〔중점〕.

- 선분의 중점에서 교차하는 선분이나, 직선이나, 평면.

self-similar, 자기 닮음*   If any parts of a fractal images are replicas of the entire image, the image is self-similar.

- 반복되는 형태가 전체의 형태와 같은 경우.

semicircle, 반원** Either of the two parts into which a circle is separated by a line containing a diameter〔지름〕 of the circle〔원〕.

- 원의 반쪽.

semi-regular* Uniform tessellations containing two or more *regular polygons*〔정다각형〕.

- 둘 이상의 정다각형으로 이루어진 배열.

sequence, 수열** A set of numbers in a specific order.

- 일정한 순서를 지닌 수들의 집합.

set, 집합*** A collection of objects or numbers.

- 어느 물건이나 수의 모임.

EX Find the next three terms in the following sequence.

7, 13, 19, 25, ……

Solution
Find the pattern in the sequence.
Each term is 6 more than the term before it.
$25 + 6 = 31$
$31 + 6 = 37$
$37 + 6 = 43$
The next three terms are 31, 37, and 43.   *Answer*.

---

set-builder notation, 조건제시법* A notation used to describe the members(원소) of a set.

- 집합의 원소를 설명해 주는 것.

EX $\{y \mid y < 17\}$ ("the set of all numbers y such that y is less than 17"이라고 읽는다.)

side, 변*** For an angle[각], the two rays[반직선] that form the sides of the angle. For a polygon[다각형], a segment joining two consecutive vertices[꼭지점] of the polygon.

- 각을 이루는 두 반직선(rays)이나 다각형의 두 꼭지점(vertices) 사이를 일컫는 말.

sides of the equation, 방정식의 변* The expressions joined by the *symbol of equality*[등호].

- 등호(symbol of equality)로 연결되어 있는 방정식의 양변.

Sierpinski triangle, 시어핀스키 삼각형* A fractal triangle created by connecting midpoints[중점] of an *equilateral triangle*[정삼각형]. The resulting fractal is named after the Polishy mathematician, Waclaw Sierpinski.

- 폴란드 수학자 Waclaw Sierpinski의 이름을 따라 불려지는 삼각형으로, 정삼각형의 중점을 계속 연결하여 만들어지는 fractal triangle이다.

EX stage 0   stage 1   stage 2

similar circles, 닮은 원* Circles that have different radii[반

지름들).

- 반지름만 다른 원들.

> 참고 radii는 radius의 복수이다.

similar figures, 닮은꼴** Figures that have the same shape but that may differ in size.

- 모양은 같고 크기만 다른 도형.

similar polygons, 닮은 다각형* Two polygons〔다각형〕 are similar〔닮음〕 if there is a correspondence between their vertices〔꼭지점〕 such that *corresponding angles*〔대응각〕 are congruent〔합동〕 and the measures of *corresponding sides*〔대응변〕 are proportional〔비례〕.

- 대응각(corresponding angles)과 대응변(corresponding sides)의 비가 같은 다각형.

similar solids, 닮은 입체* Solids〔입체〕 that have exactly the same shape〔형태〕 but not necessarily the same size.

- 형태는 같고 크기만 다른 입체.

> 참고 If two solids(입체) are similar(합동) with a *scale factor*(축척) of $a:b$, then the *surface areas*(겉넓이) have a ratio(비율) of $a^2:b^2$ and the volumes(부피) have a ratio of $a^3:b^3$.
> (닮은 두 입체의 축척이 $a:b$일 때, 두 입체의 겉넓이의 비율은 $a^2:b^2$이고 부피의 비율은 $a^3:b^3$이 된다.)

similar triangles, 닮은 삼각형** If two triangles are similar

〔닮음〕, the measures of their *corresponding sides*〔대응변〕 are proportional(비례한다), and the measures〔크기〕 of their *corresponding angles*〔대응각〕 are equal.

－닮음인 삼각형의 대응변은 서로 비례하며, 대응각의 크기는 서로 같다.

참고1 삼각형의 닮음 조건

1) SSS(Side-Side-Side) Similarity (세 변의 비가 같을 때)
2) SAS(Side-Angle-Side) Similarity (두 변의 비와 끼인각이 같을 때)
3) AA(Angle-Angle) Similarity (두 각이 같을 때)

Similarity of triangles is reflexive, symmetric, and transitive.

참고2 Proportional Perimeters (비례하는 둘레)

If two triangles(삼각형) are similar(닮음), then the perimeters(둘레) are proportional(비례한다) to the measures(크기) of *corresponding sides*(대응변). (두 삼각형이 닮은꼴일 때, 두 삼각형의 둘레의 길이는 각 대응변의 길이와 비례한다.)

참고3 Other theorems about similar triangles (닮은 삼각형에 관한 다른 정리들)

1. If two triangles(삼각형) are similar(닮음), then the measures(크기) of the corresponding(대응하는) altitudes(높이) are proportional(비례한다) to the measures(크기) of the *corresponding sides*(대응변).

(두 삼각형이 닮은꼴일 때, 대응하는 높이는 대응변의 길이와 비례한다.)

2. If two triangles(삼각형) are similar(닮음), then the measures(크기) of the corresponding(대응하는) *angle bisectors*(각의 이등분선) of the triangles are proportional(비례한다) to the measures of the *corresponding sides*(대응변).

(두 삼각형이 닮은꼴일 때, 대응하는 각의 이등분선의 값은 대응변의 길이와 비례한다.)

3. If two triangles(삼각형) are similar(닮음), then the measures(크기) of the corresponding(대응하는) medians(중선) are proportional(비례한다) to the measures(크기) of the *corresponding* sides(대응변).

(두 삼각형이 닮은꼴일 때, 대응하는 중선의 값은 대응변의 길이와 비례한다.)

EX1 What is the perimeter of $\triangle LMN$, when $\triangle LMN \sim$(닮음) $\triangle QRS$, $QR = 40$, $RS = 41$, $SQ = 9$, and $LM = 10$.

Solution
The perimeter of $\triangle QRS = 40 + 41 + 9 = 90$

Let x = perimeter of $\triangle LMN$,

$$\frac{LM}{QR} = \frac{x}{90}$$

$$\frac{9}{40} = \frac{x}{90}$$

$x = 20.25$

The perimeter of $\triangle LMN$ is 20.25 units.   *Answer*.

similarity transformation, 닮음변환* When a figure and its transformation〔변환〕 image are similar.

- 한 도형과 변환시킨 이미지가 닮음을 일컫는 말.

simple events, 단순사건* A single event in a probability problem.

- 확률 문제에서 한 가지 조건이 일어날 사건.

참고 compound event복(합)사건을 참조할 것.

simple interest, 단리* The amount paid or earned for the use of money.

— 돈을 이용하여 생기는 이자(interest).

> 참고 Simple interest I on an investment of P dollars at the interest rate R for T years is given by the formula $I=PRT$. (단리 구하는 공식)
>
> compound interest 복리를 참조할 것.

simplest form of expression, 간단히 한 식* An expression having no *like terms*〔동류항〕 and no parentheses〔괄호〕.

— 동류항(like terms)과 괄호(parentheses)를 없애고 최대한 간략히 정리한 식.

> EX Simplify $4x^4+x^4+3x^3-2x^3$.
> $4x^4+x^4+3x^3-2x^3$
> $=(4+1)x^4+(3-2)x^3$
> $=5x^4+1x^3$
> $=5x^4+x^3$ (simplest form of expression)   *Answer.*

simplest radical form, 간단히 한 무리식* The simplest form of a *radical expression*〔무리식〕.

— 무리식을 가장 간단히 정리한 것.

> 참고 It is in simplest radical form when
> 1. No radicands(근호 안에 있는 수) have *perfect square*(완전제곱) factors(약수) other than one. (근호 속에 1을 제외한 완전제곱수가 없을 때)
> 2. No radicands contain fractions(분수).
>   (근호 속에 분수가 없을 때)

> 3. No radicals(무리수) appear in the denominator(분모) of a fraction(분수).
> (분모에 무리수가 없을 때)
> rationalizing a denominator(분모의 유리화)를 참조할 것.

simplify, 정리하다, 간단히 하다*** To make simpler.

- 보다 더 단순하게 정리하다.

sine, 사인*** In a *right triangle* [직각삼각형] with *acute angle* [예각] A, the ratio of the length of the leg opposite the acute angle to the length of the hypotenuse [빗변].

- 직각삼각형(right triangle)의 예각(acute angle) A의 마주 보는 변(opposite leg)의 길이를 빗변(hypotenuse)의 길이로 나누어 준 비율(ratio).

> 참고 sine of angle $A = \dfrac{opp.\ leg}{hypotenuse}$.

skew lines, 비대칭선* Lines that do not intersect and are not in the same plane [평면].

- 같은 평면 위에 있지 않으면서 만나지 않는 두 선.

> EX 아래 그림에서 직선 $\overleftrightarrow{QR}$과 $\overleftrightarrow{WZ}$가 skew lines이다.
>
>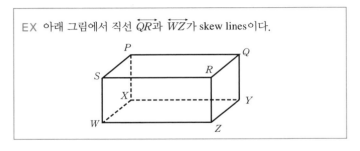

slant height, 모선의 높이** **1.** For a *regular pyramid*〔정각뿔〕, the height of *lateral face*〔옆면〕.

 정각뿔의 옆면(lateral face)의 높이.

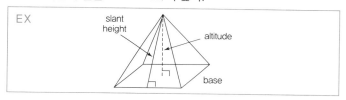

2. For a *right circular cone*〔직원뿔〕, the length of any segment joining the vertex〔꼭지점〕 to the edge of the circular base〔밑변〕.

 직원뿔에서 밑변의 모서리에서 꼭지점을 잇는 거리.

slice of a solid, 단면* The figure formed by making a straight cut across the solid〔입체〕.

 입체를 자를 때 생기는 도형.

slope, 기울기*** The ratio〔비율〕 of the rise〔수직 이동〕 to the run〔수평 이동〕 as you move from one point to another along a line.

 직선 상의 한 점에서 다른 점으로 이동할 때 수직 이동과 수평 이동 거리의 비.

> 참고 If (x_1, y_1) and (x_2, y_2) are two different points on a line, then slope $m = \dfrac{y_2 - y_1}{x_2 - x_1}$ (x_1 is not equal to x_2).
>
> A *horizontal line*(수평선) has slope 0; a *vertical line*(수직선) has no slope.

slope-intercept form of linear equations, 일차방정식의 표준형** An equation〔방정식〕 of the form $y=mx+b$, where m is the slope〔기울기〕 and b is the y-intercept〔y절편〕 of a given line.

− 기울기와 y절편을 이용하여 나타낸 식.

> EX Find the slope(기울기) and y−intercept(y절편) of the graph of $3x+2y=5$.
> *Solution*
> $3x+2y=5$
> $3x-3x+2y=5-3x$
> $2y=-3x+5$
> $\dfrac{2y}{2}=\dfrac{-3}{2}x+\dfrac{5}{2}$
> $y=\dfrac{-3}{2}x+\dfrac{5}{2}$
> Slope is $\dfrac{-3}{2}$, y−intercept is $\dfrac{5}{2}$. *Answer.*

solid, 입체** A three-dimensional〔삼차원의〕 figure consisting of all of its surface points and all of its interior points.

− 삼차원으로 된 도형.

solution, 해, 답*** A value of a variable that converts an *open sentence*〔열린 문장〕 into a true statement.

− 열린 문장을 참이 되게 하는 값.

> 참고 replacement set을 참조할 것.

solution of an equation containing two variables, 미지수가

두 개인 방정식의 해* An *ordered pair*〔순서쌍〕that makes the equation〔방정식〕a true statement.

- 미지수(variables)가 두 개인 방정식을 참(true)이 되게 하는 순서쌍(ordered pair).

solution of a system of equations, 연립방정식의 해* An *ordered pair*〔순서쌍〕that satisfies all the equations in the system.

- 연립방정식(system of equations)의 모든 식을 만족시키는 순서쌍(ordered pair).

solution set, 해집합*** The set of all replacements for the variable〔문자〕in an open sentence that result in a true sentence.

- 열린 문장을 참이 되게 하는 값의 집합.

solving a triangle, 삼각형 풀기* Finding the measures〔값〕of all sides〔변〕and angles〔각〕of a triangle〔삼각형〕.

- 삼각형의 세 변의 길이와 세 각의 크기를 구하는 것.

> 참고 삼각법(trigonometry)을 이용한다.

space, 공간** A boundless three-dimensional set of all points.

- 제한이 없는 3차원 공간의 모든 점의 집합.

sphere, 구* In space, the set of all points that are a given

distances from a given point, called the center[중점].

- 중점에서 일정한 거리에 있는 모든 점의 집합.

참고 Volume(부피) of a sphere(구) $V = \dfrac{4}{3}\pi r^3$

Surface area(겉넓이) of a sphere(구) $T = 4\pi r^2$

EX Find the *surface area*(겉넓이) of an Olympic-sized volleyball (배구공) which has a circumference(원주) of 27 inches.
(원주가 27인치인 올림픽 사이즈 배구공의 겉넓이를 구하라.)

Solution
1. Find the radius(반지름) of the volleyball.
   (원주를 이용하여 반지름을 구한다.)
   $C(\text{circumference}) = 2\pi r$
   $27 = 2\pi r$
   $r \approx 4.30$
2. Find the *surface area*(겉넓이).
   $T = 4\pi (4.30)^2$
   ≈ 232.4

The *surface area*(겉넓이) of an Olympic-sized volleyball is about 232.4 square(제곱) inches.   *Answer*.

---

spherical geometry, 구면기하학* The branch of geometry which deals with a system of points, great circles (lines), and spheres (planes) (also known as Riemannian geometry).

- 점, 원, 구 등에 관한 기하.

참고 Plane Euclidean Geometry를 참조할 것.

---

spreadsheets, 컴퓨터용 회계처리장부* Computer programs designed especially for creating charts involving many calculations.

– 차트를 만드는 데 사용되는 컴퓨터 프로그램.

square, 제곱, 정사각형*** A quadrilateral [사각형] with four *right angles* [직각] and four congruent sides.

– 네 각이 직각이고 네 변이 같은 사각형.

square of a difference** If a and b are any numbers, $(a-b)^2 = (a-b)(a-b) = a^2 - 2ab + b^2$.

EX $(x-2y)^2 = (x-2y)(x-2y) = x^2 - 2(x)(2y) + (2y)^2$
$= x^2 - 4xy + 4y^2$

square of a sum** If a and b are any numbers, $(a+b)^2 = (a+b)(a+b) = a^2 + 2ab + b^2$.

EX $(x+7y)^2 = (x+7y)(x+7y) = x^2 + 2(x)(7y) + (7y)^2$
$= x^2 + 14xy + 49y^2$

square root, 제곱근*** One of two identical [동일한] factors [약수] of a number.

– 한 수의 동일한 약수.

EX 3은 9의 square root(제곱근) $(3 \cdot 3 = 9)$

square root algorithm, 제곱근표* A table listing square roots [제곱근] of numbers.

– 제곱근을 나열한 표.

SSS Inequality* If two sides〔변〕 of one triangle〔삼각형〕 are congruent〔합동〕 to two sides of another triangle and the third side in one triangle is longer than the third side in the other, then the angle between the pair of congruent sides in the first triangle is greater than the *corresponding angle*〔대응각〕 in the second triangle.

– 두 변의 크기가 같고 한 삼각형의 셋째 변의 길이가 다른 삼각형의 셋째 변의 길이보다 길 때, 첫째 삼각형의 합동인 변의 끼인각의 크기는 다른 삼각형의 끼인각의 크기보다 크다.

SSS Postulate(Side-Side-Side), SSS 합동* If the sides〔변〕 of one triangle〔삼각형〕 are congruent〔합동〕 to the sides of a second triangle, then the triangles are congruent.

– 세 변의 길이가 같은 두 삼각형은 합동이다.

SSS Similarity(Side-Side-Side), SSS 닮음* If the measures〔크기〕 of the *corresponding sides*〔대응변〕 of two triangles〔삼각형〕 are proportional〔비례하다〕, then the triangles are similar〔닮음〕

– 세 변의 길이가 같은 두 삼각형은 닮은꼴이다.

standard form(of linear equations), 일차방정식의 일반형* The standard form of a *linear equation*〔일차방정식〕 is $Ax+By=C$, where A, B, and C are integers〔정수〕, $A \geq 0$, and A and B are not both zero.

– 일차방정식의 표준식은 $Ax+By=C$이다.

statistics, 통계**   A branch of mathematics concerned with methods of collecting[모음], organizing[정돈함], and interpreting[해석함] data[자료].

– 자료를 모으고, 정돈하고, 해석하는 수학의 한 분야.

stem-and-leaf plot*   In a stem-and leaf plot, each piece of data is separated into two numbers that are used to form a stem and a leaf. The data are organized into two columns. The column on the left contains the stem and the column on the right contains the leaves.

– 주어진 자료를 왼쪽의 stem과 오른쪽의 leaf로 나누어 정돈하는 방법.

> 참고 back-to-back stem-and leaf plot을 참조할 것.

straight angle, 평각*   A figure formed by two opposite rays.

– 두 반대 방향의 사선으로 이루어지는 각(180도).

straightedge, 직선자*   An instrument used to draw lines.

– 줄 긋는 데 사용하는 자.

strictly self-similar*   A figure is strictly self-similar if any of its parts, no matter where they are located or what size is selected, contain the same figure as the whole.

– 위치와 크기에 상관없이 부분이 전체와 같은 모양이 되는 것.

> EX Sierpinski triangle 같은 것.

substitution, 대입** The *substitution method*〔대입법〕 of solving a *system of equations*〔연립방정식〕 is a method that uses substitution〔대입〕 of one equation〔방정식〕 into the other equation to solve for the other variable〔변수〕.

– 연립방정식을 풀 때 만든 식을 다른 식에 대입하여 푸는 방법.

EX Use substitution to solve $x+4y=1$
$2x-3y=-9$

Solution
1) Solve the first equation for x because the coefficient(계수) of x is 1.
$x=-4y+1$
2) Substitute(대입하라) $-4y+1$ for x in the second equation.
$2(-4y+1)-3y=-9$
$-8y+2-3y=-9$
$-11y=-9-2$
$-11y=-11$
$y=1$
3) Substitute(대입하라) 1 for y in either equation to find the value of x.
$x+4(1)=1$
$x+4=1$
$x=-3$
The solution of this system of equation is $(-3, 1)$.

Answer.

---

substitution property of equality* If $a=b$, then a may be replaced by b in any expression.

– a와 b가 같으면 어느 식에든지 a를 b 대신 대입할 수 있다는 것.

subtraction, 뺄셈*** The process〔과정〕 of subtracting〔빼기〕.

- 빼기(subtraction)의 과정(process).

subtraction property for inequality, 부등식의 뺄셈법칙* Given any *real numbers*〔실수〕 a, b, and c;
1. If $a<b$, then $a-c<b-c$
2. If $a>b$, then $a-c>b-c$

- 부등식의 양쪽 변에 같은 수를 빼주어도 결과는 같다는 법칙.

subtraction property of equality, 등식의 뺄셈법칙* For any numbers a, b, and c, if $a=b$, then $a-c=b-c$.

- 등식의 양쪽 변에 같은 수를 빼주어도 결과는 같다는 법칙.

sum, 합*** An amount obtained〔얻어진〕 as a result of adding numbers.

- 수를 더해 얻어진 것.

supplementary angles, 보각*** Two angles whose sum〔합〕 is 180 degrees.

- 합쳐서 180도가 되는 각.

> EX The *supplementary angle*(보각) of $11° = 180 - 11 = 169°$

Surd, 부진근수** A number that cannot be simplified to remove a square root or cube root.

- 3차원 입체도형의 모든 면의 면적의 합.

EX 아래의 보기에서 알 수 있듯이 surd는 소수(decimal)로 표현하면 무한히 계속되므로 무리수(irrational)와 마찬가지이다.

number	Simplifed	As a Decimal	Surd or not?
$\sqrt{2}$	$\sqrt{2}$	1.4142135(etc)	Surd
$\sqrt{3}$	$\sqrt{3}$	1.7320508(etc)	Surd
$\sqrt{4}$	2	2	Not a surd
$\sqrt{(1/4)}$	1/2	0.5	Not a surd
$\sqrt[3]{(11)}$	$\sqrt[3]{(11)}$	2.2239800(etc)	Surd
$\sqrt[3]{(27)}$	3	3	Not a surd

surface area, 겉넓이** The sum of the areas of all faces and side surfaces of a *three-dimensional figure* [3차원 도형].

- 3차원 입체도형의 모든 면의 면적의 합.

symmetric property of equality* For any numbers a and b, if $a = b$, then $b = a$.

- 등식의 양변을 바꾸어도 결과는 같다.

symmetry, 대칭** Symmetrical figures are those in which the figure can be folded and each half matches the other exactly.

- 반으로 접었을 때 정확히 일치하는 모양.

참고 axis of symmetry(대칭축)를 참조할 것.

systems of equations, 연립방정식*** A set of equations〔방정식〕 with the same variables.

─ 같은 문자를 가진 방정식들.

systems of inequality, 연립부등식** A set of inequalities〔부등식〕 with the same variables.

─ 같은 문자를 가진 부등식들.

T

tables, 표*** An orderly[질서 있는] arrangement[배열] of data in columns[행] and rows[열].

– 자료를 알아보기 쉽게 행과 열을 써서 정리해 놓은 것.

tangent, 탄젠트*** In a *right triangle*[직각 삼각형], the ratio [비율] of the length of the leg opposite the *acute angle*[예각] to the length of the leg adjacent to the acute angle. The tan-gent of angle $A = \dfrac{opp.\ leg}{adj.\ leg}$.

– 직각삼각형(right triangle)에서 예각(acute angle)을 마주 보는 변과 예각에 붙어 있는 변의 비율(ratio).

EX Find the measure of ∠P to the nearest degree.

Solution
Since the length of the opposite(맞변) and adjacent(이웃변) sides are known, use the tangent ratio.(마주 보는 변과 이웃변의 길이를 알므로 탄젠트 비율을 사용한다.)

$tan P = \dfrac{opp.leg}{adj.leg} = \dfrac{5}{9} = 29.0546041$

∠P is 29°   *Answer.*

tangent segment, 접선** A segment AB such that one endpoint is on a circle, the other is outside the circle, and the line AB is tangent to the circle.

– 한 점은 원 위에 있고 다른 한 점은 원 밖에 있는 선분.

> 참고 A theorem about tangent segments (접선에 관한 정리)
> If two segments(선분) from the same exterior(외부의) point are tangent(외접) to a circle(원), then they are congruent(합동이다). (같은 외점으로부터 그은 두 선분이 한 원에 외접할 때, 그 두 선분은 합동이다.)
>
> EX1 Find the measure(크기) of $\overline{TR}$ when the perimeter(둘레) of $\triangle TRW$ is 45, $\overline{TK}=3$, and $\overline{WM}=9.5$.
>
> *Solution*
> As $\odot A$ is inscribed(내접하다) in $\triangle TRW$, K, L and M are points of tangency(접점).
> (원 A가 삼각형 TRW에 내접하므로 점 K, L, 그리고 M은 접점이다.)
>
>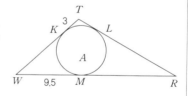
>
> According to the above theorem, (위의 정리에 의하여)
> $\overline{WK}=\overline{WM}=9.5$, $\overline{TK}=\overline{TL}=3$, and $\overline{LR}=\overline{RM}$.
> Let the length of $\overline{LR}$ and $\overline{LM}=x$
> Perimeter $=\overline{WK}+\overline{KT}+\overline{TL}+\overline{LR}+\overline{RM}+\overline{WM}$
> $45=9.5+3+3+x+x+9.5$
> $45=25+2x$
> $20=2x$
> $10=x$
> $\overline{TR}=\overline{TL}+\overline{LR}$

3+10=13

Therefore, the measure of segment TR is 13.

EX2 아래 그림에서 $\overline{PQ}$와 $\overline{PR}$이 tangent segment이다.

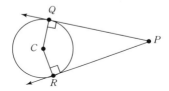

EX3 In the $\odot P$ with radius PR, show that $\overline{QR}$ is tangent to $\odot P$.
(반지름이 PR인 원 P에서 $\overline{QR}$이 원의 접선임을 보여라.)

Solution
$\overline{PT}$ is 5, because it is also a radius.
($\overline{PT}$도 역시 반지름이므로,
그 값은 5이다.)
Therefore, $\overline{PQ}$ is 5 + 8 = 13
$5^2 + 12^2 = 13^2$
25+144=169
169=169

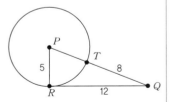

According to the converse(역) of the *Pythagorean Theorem*(피타고라스 정리), triangle PQR is a *right triangle*(직각삼각형).
(피타고라스 정리의 역이 성립하므로 이 삼각형은 직각삼각형임을 알 수 있다.)
Therefore, $\overline{PR}$ and $\overline{QR}$ are perpendicular(수직).
(그러므로 이 두 선분은 수직이다.)
Therefore $\overline{QR}$ is tangent to $\odot P$.
(그러므로 이 선분은 이 원에 대해 접선이다.)   *Answer*.

term, 항** A mathematical expression using numerals or variables or both to indicate a product〔곱〕or a quotient〔몫〕.

-숫자나 문자를 사용하여 곱이나 몫을 나타내 주는 수학적 표현.

terminating decimals, 유한소수* Decimals〔소수〕that have limited〔제한된〕digits under the *decimal point*〔소수점〕.

-소수점(decimal point) 아래 숫자가 무한하지 않고 끝이 있는 소수.

> EX $\frac{3}{8} = 0.375$
>
> 참고 소수점 아래로 무한히 반복되는 소수는 repeating decimals(순환소수)라 한다.

tessellation, 바둑판 배열* Tile-like patterns formed by repeating shapes to fill a plane without gaps or overlaps.

-바둑판 모양으로 한 평면을 빈틈없이 메꾸는 것.

theorem, 정리*** A statement that is shown to be true by using axioms〔공리〕, definitions〔정의〕, and other proved theorems in a logical development.

-논리적으로 공리, 정의 등을 사용하여 사실로 인정되는 문장.

times, 곱하기*** Used to indicate〔나타내다〕the number of instances by which something is multipled.

-무언가를 몇 배로 곱해 줌을 표시하는 것.

total, 합계*** An amount obtained〔얻어진〕by addition〔더하기〕.

- 더하여 얻어진 결과.

traceable network* A network that can be traced in one continuous〔연결되는〕 path without retracing any edge〔모서리〕. A network is traceable if its nodes〔맺힌점〕 all have even〔짝수〕 degrees〔차수〕 or if exactly two nodes have odd〔홀수〕 degrees.

- 모든 맺힌점의 차수가 짝수이거나, 정확히 두 맺힌점의 차수가 홀수인 네트워크로서 모서리를 두 번 지나지 않고 한 번에 연결될 수 있는 것.

> EX 1. Find the degree of each node in the network shown at the right. (각 맺힌점의 차수를 구하라.)
> 2. Is the network traceable? (이 네트워크는 traceable인가?)
>
>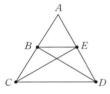
>
> *Solution*
> 1. A: degree 2, B: degree 4, C: degree 3, D: degree 3, E: degree 4
> (degree의 수는 그 점에서 만나는 모서리의 수이다.)
> 2. Exactly two nodes, C and D, have odd degrees. The network is traceable.
> (두 개의 맺힌점의 차수가 홀수이므로 이 네트워크는 traceable 이다.)

transformation, 변환* In a plane〔평면〕, a mapping〔사상〕 for which each point has exactly one image point and each image point has exactly one preimage point.

– 평면에서 한 도형을 다른 위치나 크기로 바꾸는 것.

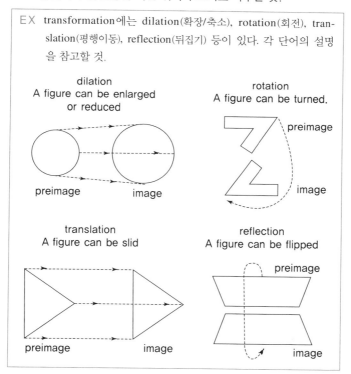

EX transformation에는 dilation(확장/축소), rotation(회전), translation(평행이동), reflection(뒤집기) 등이 있다. 각 단어의 설명을 참고할 것.

transitive property of equality* For any numbers a, b, and c, if $a = b$ and $b = c$, then $a = c$.

– 등식에서 a와 b가 같고, b와 c가 같으면 a와 c도 같다는 법칙.

translation, 평행이동* A composite of two reflections over two *parallel lines* [평행선]. A translation [평행이동] slides figures [도형] the same distance [거리] in the same direction〔방향〕.

- 같은 거리와 같은 방향으로 도형을 움직이는 것.

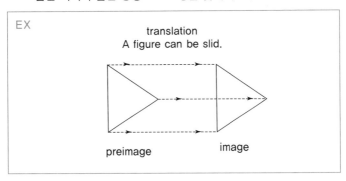

transversal, 횡단선** A line that intersects〔교차하다〕 two or more lines in a plane〔평면〕 at different points.

- 한 평면에서 두 개 이상의 선을 다른 점에서 교차하는 선.

trapezoid, 사다리꼴** A quadrilateral〔사각형〕 that has exactly one pair of parallel〔평행한〕 sides〔변〕.

- 한 쌍의 변만 평행한 사각형.

참고1 Area(면적) of a trapezoid(사다리꼴) $A = \frac{1}{2}h(b_1 + b_2)$
(h : height(높이), b_1 and b_2 : 윗변과 밑변)

EX Find the height(높이) of a trapezoid(사다리꼴) that has an area (면적) of 574 square inches and bases(두 변) of 76 inches and 88 inches.

Solution

$$A = \frac{1}{2} h(b_1 + b_2)$$

$$574 = \frac{1}{2} h(76 + 88)$$

$$574 = 82h$$

$$7 = h$$

The height(높이) of the trapezoid(사다리꼴) is 7 inches.

Answer.

tree diagram, 수형도* A diagram used to show the total number of possible outcomes〔결과〕.

- 나올 수 있는 결과를 나무 모양으로 나타낸 도표.

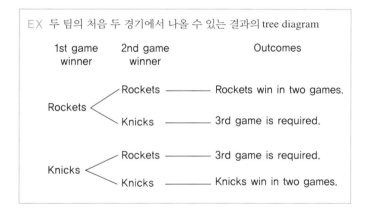

triangle, 삼각형* A polygon〔다각형〕 with three sides and three angles.

- 변과 세 각으로 이루어진 도형.

참고1 The area(면적) of a triangle $A = \dfrac{1}{2}bh$

(h : height(높이), b : base(밑변))

참고2 If one side of a triangle(삼각형) is longer than another side, then the *angle opposite*(대각) the longer side has a greater measure(값) than the angle opposite the shorter side.
(삼각형의 한 변의 길이가 다른 변보다 길 때, 그 긴 변의 대각의 크기는 짧은 변의 대각의 크기보다 크다.)

참고3 A segment(선분) whose endpoints(끝점) are the midpoints(중점) of two sides(변) of a triangle(삼각형) is parallel(평행) to the third side of the triangle, and its length(길이) is one-half the length of the third side.
(삼각형의 두 변의 중점을 끝점으로 하고 세 번째 변에 평행한 선분의 길이는 세 번째 변의 길이의 반이다.)

Triangle Inequality Theorem* The sum〔합〕 of the length〔길이〕 of any two sides〔변〕 of a triangle〔삼각형〕 is greater than the length of the third side.

-삼각형의 두 변의 합은 나머지 한 변의 길이보다 길다.

EX The lengths of two sides of a triangle are 15 centimeters and 20 centimeters. Between what two numbers must be the measure of the third side?
(삼각형의 두 변의 길이가 15, 20 센티미터일 때, 세 번째 변의 길이는 어느 두 숫자 사이인가?)

Solution
Let the third side, t, according to Triangle Inequality Theorem,
$$15 + 20 > t$$
$$35 > t$$

$$15 + t > 20$$
$$t > 5$$
$$20 + t > 15$$
$$t > -5$$

Take the intersection of these three conditions.

$$5 < t < 35$$

Therefore, the length of the third side must be between 5 centimeters and 35 centimeters.

Answer.

Triangle Proportionality* If a line [선] is parallel [평행] to one side [변] of a triangle [삼각형] and intersects [교차하다] the other two sides in two distinct [다른] points, then it separates [나눈다] these sides into segments [선분] of proportional [비례되는] lengths [길이].

- 삼각형의 한 변과 평행한 직선은 다른 두 변을 같은 비율로 나눈다.

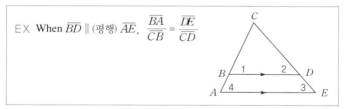

EX When $\overline{BD}$ ∥ (평행) $\overline{AE}$, $\dfrac{\overline{BA}}{\overline{CB}} = \dfrac{\overline{DE}}{\overline{CD}}$

triangular cylinder, 삼각기둥* A figure whose bases [밑면, 윗면] are formed by congruent [합동인] triangles [삼각형] in parallel [평행한] planes.

- 두 개의 합동인 삼각형을 윗면과 밑면으로 하는 입체.

trigonometric ratios, 삼각비** A ratio〔비율〕of the measures of two sides of a *right triangle*〔직각삼각형〕.

- 직각 삼각형의 두 변의 길이의 비.
$m\angle C = 90$ 일때
$sinA = \dfrac{a}{c}$ $cosA = \dfrac{b}{c}$ $tanA = \dfrac{a}{b}$

trigonometry, 삼각법* The study of the properties〔속성〕of triangles〔삼각형〕and *trigonometric functions*〔삼각함수〕and their applications〔적용〕.

- 삼각형과 삼각함수의 속성과 적용에 관한 학문.

trinomials, 삼항식* The sum〔합〕of three monomials〔단항식〕.

- 세 개의 단항식으로 이루어진 식.

twice, 2배*** In doubled〔두배〕degree〔정도〕or amount〔양〕.

- 양(amount)이나 정도(degree)가 두 배로 되는 것.

twin primes, 쌍둥이소수* Two consecutive odd numbers that are prime〔소수〕.

- 연속되는 두 개의 홀수(consecutive odd numbers)가 소수(prime)인 것.

EX 3 and 5, 5 ane 7, 11 and 13 등.

two-column proof* A formal proof in which statements〔명제〕are listed in one column and the reasons〔이유〕for each statement are listed in a second column.

- 명제들을 첫 번째 행에 놓고 두 번째 행에는 그 이유를 설명하는 증명법.

EX Justify the steps for the proof of the conditional If $\overline{PR}=\overline{QS}$, then $\overline{PQ}=\overline{RS}$.
Given : $\overline{PR}=\overline{QS}$
Prove : $\overline{PQ}=\overline{RS}$

Proof

Statements	Reasons
1. $\overline{PR}=\overline{QS}$	1. Given
2. $\overline{PQ}+\overline{QR}=\overline{PR}$ $\overline{QR}+\overline{RS}=\overline{QS}$	2. Segment Addition Postulate
3. $\overline{PQ}+\overline{QR}=\overline{QR}+\overline{RS}$	3. Substitution Property
4. $\overline{PQ}=\overline{RS}$	4. Subtraction Property

undefined term, 무정의 용어* A word, usually readily understood, that is not formally explained by means of more basic words and concepts. The basic undefined terms of geometry are point, line, and plane.

- 점, 선, 평면 등과 같이 별도의 설명이 필요 없는 기하의 용어들.

uniform, 균등* Tessellations〔배열〕 containing the same combination of shapes〔모양〕 and angles〔각도〕 at each vertex 〔꼭지점〕.

- 각 꼭지점으로부터 같은 모양과 각도로 배열된 것.

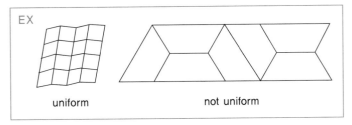

uniform motion, 등속운동* A term used to describe motion of an object when it moves without changing its speed or rate.

−같은 속도로 움직이는 것.

> 참고 $d = rt$ (d = distance(거리), r = rate(속도), t = time(시간))
>
> EX Peter rode his bicycle to a store at the speed of 10 miles per hour. It took him 30 minutes to get to the store. How far is the store from his house?
> (피터가 자전거로 시속 10마일의 속도로 가게에 도착하기까지 30분이 걸렸다. 그의 집에서 가게까지의 거리는 얼마인가?)
>
> *Solution*
> $d = rt$
> $d = 10 \cdot \frac{1}{2}$ ($30 min. = \frac{1}{2} hour$)
> $= 5$(miles)   *Answer.*

union (of set), 합집합** For any two sets〔집합〕 A and B, the set consisting of all members belonging to at least one of the sets A and B is the union of A and B.

−두 집합 중 어느 한 집합에라도 속하는 원소들로 이루어진 집합.

unique factorization theorem, 소인수분해 정리* The *prime factorization* 〔소인수분해〕 of every number is unique except for the order in which the factors〔인수〕 are written.

−소인수분해(prime factorization)는 인수를 쓰는 순서만 다를 수 있을 뿐 한 가지밖에 없다.

unit cost, 단위 값* The cost of one unit of something.

−어느 물건의 한 단위의 값.

upper quartile, 제3사분위* The upper quartile divides the upper half of a set of data into two equal parts.

– 자료의 상위 부분을 이등분하는 것.

> 참고 자료의 작은 것으로부터 $\frac{3}{4}$ 지점.

value, 값, 수치*** An assigned [지정된] or calculated [계산된] *numerical quantity* [수량].

– 주어지거나 계산하여 나온 수량(numerical quantity).

variable, 문자(변수)*** A symbol used to represent one or more numbers.

– 미지수를 나타내 주는 문자.

vector, 벡터* A directed [방향이 있는] segment. Vectors possess both magnitude [강도](length) and direction [방향].

– 강도(길이)와 방향을 가진 선분.

Venn diagrams, 벤다이어그램* Diagrams that use circles [원] and ovals [타원] inside a rectangle [직사각형] to show relationships of sets [집합].

– 직사각형 안에 원(circle)이나 타원(oval)을 그려 집합 사이의 관계를 나타내 주는 도표.

EX — Word Processing 45% 24% 31% Playing Processing

verbal expression, 문자식* An *algebraic expression* [대수식] written in words.

– 대수식(algebraic expression)을 말로 풀어 써놓은 것.

EX Verbal expression for $(3+x) \div y$ is 'the sum of 3 and x divided by y'.

vertex, 꼭지점*** The maximum [최대] or minimum [최소] point of a parabola [포물선].

– 포물선(parabola)의 최대 또는 최소점.

1. For an angle, the common endpoint of the two rays [반직선] that form the angle.

– 각을 이루는 두 반직선의 공통된 끝점.

2. In a polygon [다각형], the endpoints of the sides is called a vertex [꼭지점].

– 다각형에서 두 변이 만나는 점.

3. In a polyhedron [다면체], where three or more edges intersect.

– 다면체에서 세 개 이상의 모서리가 만나는 점.

4. In a pyramid [각뿔], the vertex [꼭지점] that is not con-

tained in the base of the pyramid.

-각뿔에서 밑변에 포함되지 않은 꼭지점.

vertex angle, 꼭지각** In an *isosceles triangle* [이등변삼각형], the angle formed by the *congruent sides* (legs) [합동인 변].

-이등변삼각형(isosceless triangle)에서 합동인 두 변으로 이루어지는 각.

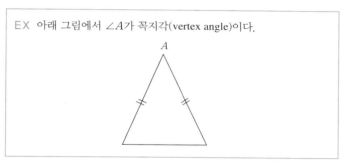

EX 아래 그림에서 ∠A가 꼭지각(vertex angle)이다.

vertical angles, 맞꼭지각** Two nonadjacent [바로 옆에 붙어 있지 않은] angles formed by two intersecting [교차하는] lines.

-교차하는 두 직선으로 만들어지는 각 중 바로 옆에 있지 않은 두 각.

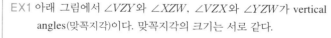

EX1 아래 그림에서 ∠VZY와 ∠XZW, ∠VZX와 ∠YZW가 vertical angles(맞꼭지각)이다. 맞꼭지각의 크기는 서로 같다.

EX2 In the figure, lines $\overleftrightarrow{GH}$ and $\overleftrightarrow{JK}$ intersect at I. Find the value of x and the measure of $\angle JIH$.

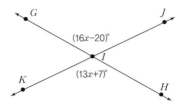

Solution

$\angle GIJ$ and $\angle KIH$ are *vertical angles*(맞꼭지각), so

$$16x - 20 = 13x + 7$$
$$3x = 27$$
$$x = 9$$
$$m\angle GIJ = 16x - 20 = 16 \cdot 9 - 20 = 124$$
$$m\angle JIH = 180 - 124 = 56 \qquad \textit{Answer.}$$

vertical axis, 수직축** The *vertical line*〔수직선〕 in a graph that represents the *dependent variable*〔종속변수〕.

– 그래프에서 종속변수를 나타내 주는 수직선(vertical line).

참고 수평축은 horizontal axis라 함.

vertical line test* If any *vertical line*〔수직선〕 passes through no more than one point of the graph of a relation〔관계〕, then the relation is a function〔함수〕.

– 수직선이 그래프의 한 점만 통과하는 관계는 함수(function)이다.

volume, 부피*** The volume〔부피〕 of a solid〔입체〕 is the number of unit cubes it contains.

- 입체가 가지고 있는 단위의 세제곱(cube).

참고 The volume of a cube(정육면체) with each side S units long is S^3 cubic units.

(한 변의 길이가 S인 정육면체의 부피는 S^3이다.)

EX Find the volume of the right prism.(직각뿔의 부피를 구하라.)

Solution

$V = \dfrac{1}{3} Bh$ (직각뿔의 부피는 밑면의 넓이와 높이를 곱한 값의 3분의 1이므로)

$= \dfrac{1}{3}(\dfrac{1}{2} Pa)h$

$= \dfrac{1}{3}(\dfrac{1}{2} \cdot 48 \cdot 4\sqrt{3})14$

$= 448\sqrt{3}$

$\approx 776.0 \ cm^3$

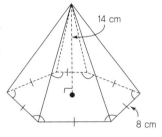

Answer.

W

weight, 무게** The measure〔값〕 of the heaviness of an object〔물체〕.

– 어떤 물체의 무거운 정도.

weighted average, 하중 평균** The weighted average M of a set of data is the sum〔합〕 of the product〔곱〕 of each number in the set and its weight〔하중〕 divided by the sum of all the weights.

– 각 수와 하중(weight)을 곱한 합을 하중의 합으로 나누어 준 것.

> EX In John's class, each test is worth 15% of the marking period grade, the presentation is worth 20% of the grade, the homework assignments and class participation is worth 20% of the grade. If John received 75, 82, 93, and 90 on the tests, 95 on the presentation, and 92 on the homework assignment and class participation, what will be his average for the marking period?
> (존의 클래스에서는 각 시험이 15%, 발표가 20%, 숙제와 수업 참여도가 그 학기 성적의 20%를 차지한다. 시험에 75, 82, 93, 90점을 받고, 발표에 95점, 숙제와 참여 점수를 92점을 받았을 경우 그의

• 318 •

학기 평균 점수는 얼마인가?)

Solution

sum of the weights(하중) = 4(15) + 20 + 20 = 100 (각 weight의 합은 100이다.)

sum of the product of each number and its weight

(각 점수를 weight와 곱하여 더한 합을 구한다.)

= 15(75 + 82 + 93 + 90) + 20(95) + 20(92)

= 8840

weighted average = $\frac{8840}{100}$ = 88.4

John's average is 88% for the marking period.

Answer.

whiskers* The whiskers of a box-and-whisker plot are the segments that are drawn from the lower quartile to the least value and from the upper quartile to the greatest value.

- box-and-whisker plot에서 Q_1으로부터 극소값까지의 거리와 Q_3로부터 극대값까지의 거리.

참고 box-and-whisker plot을 참조할 것.

EX 아래의 box-and whisker plot에서 2(least value)와 5(Q_1) 사이, 그리고 15(Q_3)와 45(greatest value) 사이의 거리가 whisker이다.

whole number, 범자연수* The set〔집합〕made up of the *positive integers*〔양의 정수〕and zero.

- 0과 양의 정수로 구성되어 있는 수의 집합.

EX {0, 1, 2, 3, ……}

working backward, 거꾸로 풀기* A problem-solving strategy that uses inverse operations to determine an original value.

- 문제를 풀 때 거꾸로 계산하여 답을 구하는 방법.

EX Susan wants to fix her boiler, but does not want to spend more than 200 dollars. The plumber charges 50 dollars plus 30 dollars per hour. What is the maximum hour the serviceman can work? (수잔은 보일러 고치는 데 200불 이상은 소비할 수 없다. 수리공이 기본 요금 50불과 시간당 30불을 요구한다면 몇 시간 이상을 초과할 수 없는가?)

Solution
Let maximum hour = h (최대로 일할 수 있는 시간을 h라 하고 방정식을 만들어 거꾸로 방정식부터 풀어 나간다.)
$50 + 30h = 200$
$30h = 150$
$h = 5$
Therefore, the plumber has up to 5 hours to work.

Answer.

width, 가로*** The measurement〔값〕of the extent〔길이〕of something from side to side.

- 어느 것의 옆으로의 길이.

x-axis, x축(가로축)*** The horizontal〔수평의〕 *number line*〔수직선〕.

—수평으로 된 축(axis).

x-coordinate, x좌표*** The first number in an *ordered pair*〔순서쌍〕.

—순서쌍의 첫 번째 수.

x-intercept, x절편*** The x-coordinatex〔좌표〕 of a point where a graph intersects〔교차하다〕 the x-axis〔x축〕.

—그래프가 x축(x-axis)과 만나는 점.

Y

yard, 야드*   A unit [단위] of length [길이].

– 길이의 단위.

> 참고   1 yard = 3 feet
>   = 36 inches
>
> EX   An irregularly shaped field has a perimeter (둘레) of 864 feet. If each fence (담장) segment is 9 yards long, how many segments are required to enclose (둘러싸다) the field?
> (둘레가 864피트인 밭을 둘러싸기 위해서는 길이가 9야드인 담장이 몇장 필요한가?)
>
> *Solution*
> 1 yard = 3 feet
> 9 yards = 27 feet
> Divide 864 feet by 27 feet.
> $864 \div 27 = 32$
> 32 fence segments are needed.
> <div align="right"><i>Answer</i>.</div>

y-axis, y축(세로축)***   The vertical [수직] *number line* [수직선].

– 수직으로 된 축.

y-coordinate, *y*좌표***　The second number in an *ordered pair*〔순서쌍〕.

　-순서쌍(ordered pair)의 두 번째 수.

y-intercept, *y*절편***　The *y*-coordinatey〔좌표〕 of a point where a graph intersects〔교차하다〕 the *y*-axis〔*y*축〕.

　-그래프가 *y*축(*y*-axis)과 만나는 점.

Z

z–axis, z축* An axis〔축〕 that shows the z coordinate〔z좌표〕 in an ordered triple〔공간〕.

–공간에서의 한 점의 위치를 나타내 주기 위해 사용되는 축으로 ordered triple 상에서 z–coordinate〔z좌표〕를 보여준다.

zero exponent, 0인 지수* For any nonzero〔0이 아닌〕 number a, $a^0=1$.

–지수(exponent)가 0이면 그 값은 무조건 1이다.

EX $3^0=1$, $23^0=1$

zero product property* For all real number a and b, $ab=0$ if and only if $a=0$ or $b=0$.

–어느 수에 0을 곱해도 결과는 0이다.

zeros (of a function), 함수를 0으로 만드는 값* The zeros of a function〔함수〕 are the roots〔근〕, or x–intercepts〔x절편〕 of the function.

–함수(function)를 제로로 만드는 값이 그 함수의 근(root) 또는 x절편(x-intercept)이다.

CHAPTER
04

한글로 찾는
수학용어

한글로 찾아보기

ㄱ

가감법 addition-or-subtraction method
가로 width
가정 hypothesis
각 angle
각기둥 prism
각기둥의 높이 altitude of a prism
각도기 protractor
각도기 정리 Protractor Postulate
각뿔 pyramid
각뿔의 높이 altitude of a pyramid
각의 덧셈정리 Angle Addition Postulate
각의 이등분선 angle bisector
각의 이등분선 정리 Angle Bisector Theorem
각의 합 정리 Angle Sum Theorem
간단히 한 무리식 simplest radical form
간단히 한 식 simplest form of expression
간접 증명 indirect proof
갈론 gallon
감가상각 exponential decay
감가상각 방정식 general equation for exponential decay
값, 수치 value
값을 구하다 evaluate

같거나 크다, 같거나 작다 between and inclusive
같거나 작다 less than or equal to symbol
같은 거리의(등거리의) equidistant
같은 선 상에 있지 않은 점들 noncollinear points
같지 않다는 부호 not equal to symbol ($\neq$)
거꾸로 풀기 working backward
거듭제곱 power
겉넓이 surface area
결과 outcomes
결론 conclusion
결합법칙 associative properties(axioms)
경계선 boundary (of half-plane)
경우의 수 odds
계 corollary
계산기 calculator
계수 coefficient
계수 constant of variation
곱 product
곱셈에 대한 역원 multiplicative inverses (reciprocals)
곱셈에 대한 역원 reciprocal
곱셈의 분배법칙 distributive property of multiplication
곱셈의 항등 multiplicative identity
곱하기 multiplication
곱하기 times
공간 space
공리 postulate
공배수 common multiple
공식 formula

공약수 common factor

공집합 empty set

공통내접선 common internal tangent

공통외접선 common external tangent

공통접선 common tangent

관계 relation

괄호들 grouping symbol

교집합 intersection

교환법칙 commutative property

구 sphere

구각형 nonagon

구간 interval

구면기하학 spherical geometry

구(球)의 중점 center of a sphere

귀납법 inductive reasoning

귀류법 indirect reasoning

균등 uniform

그래프, 그래프를 그리다 graph

그래프를 사용해서 푸는 방법 (식) graphic method

그래프이론 graph theory

그래프족 family of graphs

그래픽 캘큘레이터(계산기) graphing calculators

그림으로 나타난, 그림으로 설명된 illustrated

극값 extreme values

근의 공식 quadratic formula

근호, 루트($\sqrt{}$) radical sign

근호 안에 있는 수 radicand

기본 그래프 parent graph

기울기 slope
기하평균 geometric mean
기하학 geometry
기하확률 geometric probability
꺾은선그래프 broken line graph
꼭지각 vertex angle
꼭지점 vertex
끼인각 included angle
끼인변 included side

ㄴ

나누다 divide
나눗셈 division
나머지 remainder
나이 age
내각 interior angles
내각의 합 정리 Interior Angle Sum Theorem
내려본각 angle of depression
내접각 inscribed angle
내접다각형 inscribed polygon
내접사각형 inscribed quadrilateral
내접원 inscribed circle
내항 means
네트 net
네트워크 network
높이 altitude
높이, 키 height

ㄷ

다각형 polygons
다각형의 외각 exterior angle of a polygon
다면체 polyhedron
다이어그램(도표) diagrams
다항방정식 polynomial equation
다항식 polynomial
다항식의 차수 degree of a polynomial
단계적 분석 dimensional analysis
단리 simple interest
단면 slice of a solid
단순사건 simple events
단위 값 unit cost
단항식 monomial
단항식의 거듭제곱수 power of a monomial
단항식의 차수 degree of monomial
답, 근, 해 roots
답이 같은 방정식 equivalent equation
닮은꼴 similar figures
닮은 다각형 similar polygons
닮은 삼각형 similar triangles
닮은 원 similar circles
닮은 입체 similar solids
닮음변환 similarity transformation
대각선의 diagonal
대괄호 brackets
대수식 algebraic expression
대우 contrapositive

대응각 corresponding angles
대응변 corresponding sides
대입 substitution
대입하다 insert
대칭 symmetry
대칭선 line of symmetry
대칭점 point of symmetry
대표값 measures of central tendency
덧셈정리 addition property of order
덧셈에 대한 역원 additive inverse
덧셈에 대한 역원 opposites
덧셈에 대한 역원 법칙 additive inverse property
덧셈의 항등 additive identity
도수분포표 frequency table
도수, 빈도 frequency
도, 차수 degree
독립변수 independent variable(quantity)
독립사건 independent events
동류항 like terms
동심원 concentric circles
동위각 corresponding angles
동위각 정리 Corresponding Angles Postulate
동일 선 상에 있는 점들 collinear points
동 평면 상의 점 coplanar points
(직각삼각형의) 두 변 legs (of a right triangle)
두 완전제곱 수의 차 differences of squares
두 점 사이의 거리 공식 distance formula
둔각 obtuse angle

둔각삼각형 obtuse triangle
둘레 perimeter
등변사다리꼴 isosceles trapezoid
등비수열 geometric sequence
등속운동 uniform motion
등식 equality
등식의 덧셈법칙 addition property of equality
등식의 분배법칙 division property of equality
등식의 뺄셈법칙 subtraction property of equality
등장(等長), 같은 치수의 isometry
등치 equivalent expressions
디스카운트(할인해 주는) discounting
뜻, 정의 definition

ㅁ

마름모 rhombus
막대그래프 bar graph
맞꼭지각 vertical angles
매트릭스(행렬) matrix
맺힌점 node
맺힌점의 차수 degree of a node
면 face
면적 area
몇 프로 감소했는지 percent of decrease
몇 프로 증가했는지 percent of increase
모서리 edge
모선 lateral edge
모선의 높이 slant height

몫 quotient
무게 weight
무리방정식 radical equation
무리수 irrational numbers
무리식 radical expressions
무연근 extraneous solution
무작위 random
무정의 용어 undefined term
문단증명 ph proof
문자(변수) variable
물건 값, 비용 cost
미지수가 두 개인 방정식의 해 solution of an equation containing two variables
밀도 density
밑 base (of a power)
밑변 base

ㅂ

바꾸다 commute
바둑판 배열 tessellation
바람을 안고 against the wind
반감기 half-life
반구 hemisphere
반구의 면 great circle
반복 iteration
반비례(역비례) inverse variation function
반사 reflection
반사축 line of reflection

반수(反數)의 원리 axiom of opposites

반올림 round off

반원 semicircle

반증, 반례 counterexample

반지름 radius

반직선 ray

반평면 half-plane

방정식 equation

방정식의 변 sides of the equation

배수 multiple

번분수 complex fraction

범자연수 whole number

베이직 Basic(Beginners Algebraic Symbol Interpreter Compiler)

벡터 arrow notation

벡터 vector

벡터 길이 magnitude of a vector

벡터의 방향 direction of a vector

벤다이어그램 Venn diagrams

(이등변삼각형의) 변 legs (of an isosceles triangle)

(사다리꼴의) 변 legs (of a trapezoid)

변 side

변수를 정함 defining variables

변심거리 apothem

변환 transformation

보각 complementary angles

보각 supplementary angles

보기 example

'~보다 같거나 크다'를 나타내는 부호 greater than or equal to symbol

'~보다 작다'를 나타내는 부호 less than
'~보다 크다'를 나타내는 부호 greater than symbol
보조선 auxilliary line
볼록다각형 convex polygon
복리 compound interest
복(합)사건 compound event
복합부등식 compound inequality
부등변삼각형 scalene triangle
부등식 inequalities
부등식의 곱셈법칙 mulltiplication property for inequality
부등식의 덧셈법칙 addition property for inequality
부등식의 분배법칙 division property for inequality
부등식의 뺄셈법칙 subtraction property for inequality
부등호 ($<$, $\leq$, $>$, $\geq$) inequality symbol
부정 dependent
부정 negation
부채꼴 sector
부피 volume
분모 denominator
분모의 유리화 rationalizing a denominator
분수 fraction
분수방정식 rational equations
분수식 fractional equation
분자 numerator
불능 inconsistent (systems of equations)
불완전 네트워크 incomplete network
비교법칙 comparison property
비교의 원리 axiom of comparison

비대칭선 skew lines
비례 proportion
비유클리드기하학 non-Euclidean geometry
비율 ratio
빗각기둥 oblique prism
빗변 hypotenuse
빗원뿔 oblique cone
뺄셈(−) minus
뺄셈 subtraction

ㅅ

사건 event
사각형 quadrilateral
사다리꼴 trapezoid
사분면 quadrant
사분범위 Interquartile range
사분위 quartiles
사상 mapping
사이 between
사인 sine
사인법칙 Law of sines
사칙연산 operation
산수 arithmetic
산술평균 (arithmetic) mean
산포도 measures of variation
삼각기둥 triangular cylinder
삼각법 tirgonometry
삼각비 trigonometric ratios

삼각형 triangle

삼각형의 각의 이등분선 angle bisector of a triangle

삼각형의 높이 altitude of a triangle

삼각형의 수직이등분선 perpendicular bisector of a triangle

삼각형 풀기 solving a triangle

삼단논법 Law of Syllogism

삼차 cubic

삼차방정식 cubic equation

삼항식 trinomials

상(사상(寫像)) image

상수 constant

생략하다 omit

선 line

선그래프 line graph

선대칭 축 axis of symmetry (of a parabola)

선분 segment

선분, 변 line segment

선분의 덧셈에 대한 공리 Segment Addition Postulate

선분의 이등분선 segment bisector

섭씨온도계 celsius temperature scale

세로(길이) length

세제곱, 정육면체 cube

소거 elimination

소괄호 parentheses

소다항식 prime polynomial

소수 prime number

소수의, 십진법의 decimal

소인수분해 prime factorization

소인수분해 정리 unique factorization theorem
속도, 비율 rate
수계수 numerical coefficient
수(직)선 perpendicular lines
수식 numerical expression
수열 sequence
수이론 number theory
수직선 number line
수직이등분선 perpendicular bisector
수직인 선분 perpendicular segment
수직축 vertical axis
수평축(x축) horizontal axis
수형도 tree diagram
순서쌍 ordered pairs
순열 Permutation
순환소수 repeating decimals
숫자 numerals
스케일 scale
시어핀스키 삼각형 Sierpinski triangle
시컨트(할선) secant
시피시티시 CPCTC
식 expression
식에서 가장 먼저 나오는 계수 leading coefficient
실수 real numbers
실습 hands-on activities
십각형 decagon
십이각형 dodecagon
십진법의 표기법 scientific notation

쌍둥이소수 twin primes
쌍조건문 biconditional

ㅇ

아웃라이어 outlier
안짝 inverse of a conditional
야드 yard
약( ), 대강 approximate
약분 cancel a fraction
양수 positive number
(+) 양수의 positive
양의 상관관계 positive correlation
양의 정수 positive integer
양의 제곱근 principal square root
(물을)액체에다 섞어 농도를 약하게 하다(희석하다) dilute
어림잡다 estimate
엇각 alternate exterior angles
엇각 alternate interior angles
엇각정리 Alternate Exterior Angles Theorem
여각정리 Alternate Interior Angles Theorem
역 converse
역수의 원리 axiom of reciprocals
역원 inverse
연립방정식 systems of equations
연립방정식의 해 solution of a system of equations
연립부등식 systems of inequality
연산의 순서 order of operations
연속적인 정수 consecutive integers

연속적인 짝수 consecutive even integers
연속적인 홀수 consecutive odd integer
연역법 deductive reasoning
열린 반평면 open half-plane
열린 문장, 명제함수 open sentences
열 행렬 column matrix
열호 minor arc
0(원점) origin
0보다 큰 수량을 말해 주는 부호 positive sign (+)
0의 곱셈법칙 mulitiplicative property of zero
0인 지수 zero exponent
옆면 lateral faces
옆면적 lateral area
예각 acute angle
예각삼각형 acute triangle
오각형 pentagon
오름차순 ascending order of power
오목다각형 concave polygon
5센트 nickel
올려본각 angle of elevation
완전그래프 complete graph
완전성의 공리 completeness property
완전제곱 perfect square
완전제곱법 completing the square
완전제곱식 perfect square trinomials
외각 exterior angles
외각의 합에 관한 정리 Exterior Angle Sum Theorem
외각 정리 Exterior Angle Theorem

외점 exterior point

외접다각형 circumscribed polygon

외접원 circumscribed circle

외할선 external secant segment

외항 extremes

우호 major arc

원 circle

원그래프 circle graph

원기둥 cylinder

원기둥 oblique cylinder

원기둥의 높이 altitude of a cylinder

원리, 공리 axioms

원뿔 cone

원뿔의 높이 altitude of a cone

원상 preimage

원소 element

원주 circumference

유리수 rational number

유리식(분수식) rational expression

유리수의 나눗셈 dividing rational numbers

유클리드기하학 plane Euclidean geometry

유한소수 terminating decimals

육각형 hexagon

음수 negative number

음수 부호 negative sign ($-$)

음의 상관관계 negative correlation

음의 정수 negative integer

음의 지수 negative exponents

응용문제 푸는 법 problem-solving strategies(plan)
이등변삼각형 isosceles triangle
이등변삼각형의 밑각 base angles of an isosceles triangle
이등변삼각형의 밑변 base of an isosceles triangle
이등변삼각형 정리 Isosceles Triangle Theorem
2배 twice
이웃변 adjacent leg
이웃하는 두 내각 consecutive interior angles
이원방정식 equation in two variables
이자 interest
이중반사 composite of reflections
이차방정식 quadratic equation
이차함수 quadratic function
이차함수의 최대 maximum (point of function)
이차함수의 최소 minimum (point of function)
이항식 binomial
인상 marked up
인수 factor
인수분해 factoring
인치 inch
인하 marked down
일반적 연립방정식 Independent (systems of equations)
1센트 penny
일차방정식 linear equation
일차방정식의 일반형 standard form (of linear equations)
일차방정식의 표준형 slope-intercept form of linear equations
일차함수 linear function
일차함수의 그래프 linear graphs

입체 solid

ㅈ

자기 닮음 self-similar

자료 data

자료를 정리하다 organize data

자본 principal

자연수 natural numbers

자취 locus

전항 antecedent

절댓값 absolute value

절편 intercept

절편을 이용해 그리는 방법 intercepts method

점 point

점그래프 scatter plot graph

접각 adjacent angle

접선 tangent segment

접점 point of tangency

접호 adjacent arcs

정각기둥 regular prism

정각뿔 regular pyramid

정다각형 regular polygon

정다각형의 배열 regular tessellation

정다각형의 중점 center of a regular polygon

정다면체 regular polyhedron

정렬 An arrangement

정리 theorem

정리하다, 간단히 하다 simplify

정비례 direct variation
정삼각형 equiangular triangle
정삼각형 equilateral triangle
정수 integers
정의역(변역) domain
점의 좌표 coordinates of a point
제곱근 square root
제곱근의 곱셈법칙 product property of square roots
제곱근표 square root algorithm
제곱, 정사각형 square
제3사분위 upper quartile
제수 divisor
제1사분위 lower quartile
조건등식 conditional equation
조건명제 conditional statement
조건문 conditional
조건문 if-then statement
조건제시법 set-builder notation
조합 Combination
종결의 원리 axioms of closure
종속변수 dependent variable(quantity)
종속사건 dependent events
좌표 coordinates
좌표축 coordinate axis
좌표축 axes
좌표평면 coordinate plane
좌표평면에서의 완전성의 공리 completeness property for points in the plne

좌표평면을 이용한 증명 coordinate proof
중괄호 braces
중선 median
중심각 central angle
중심이 같은 concentric
중앙값(중간값) median
중점 center of a circle
중점 midpoint (of line segment)
중점 point of reflection
중점공식 midpoint formulas
중점정리 midpoint theorem
증명 proof
지름 diameter
지수 exponent
지수 index
지수함수 exponential function
지적하다, 알아내다 identify
직각 right angle
직각기둥 right prism
직각뿔 right pyramid
직각삼각형 right triangle
직기둥 right cylinder
직사각형 rectangle
직선자 straightedge
직원뿔 right circular cone
직육면체 rectangular solid
질문 question
질문지 questionnaire

집합 set
짝수 even numbers

ㅊ

차, 나머지 difference
차원 dimension
차원분열도형 fractals
초, 두 번째 second
최대공약수 GCF(greatest common factor)
최빈값(모드) mode
최소공배수 least common multiple(LCM)
최소공통분모 LCD(least common denominator)
최적(最適)선 best-fit line
추측 conjecture
축척 scale factor
측정(값) measurement
치역, 범위 range
칠각형 heptagon

ㅋ

카발리에리의 정리 Cavalieri's Principle
컴퍼스 compass
컴퓨터용 회계처리 장부 spreadsheets
켤레 conjugates
켤레 이항식 conjugate binomials
코너뷰 corner view
코사인 cosine
코사인 법칙 Law of Cosines

쿼트 quart
크로스 곱 cross products
크로스 섹션 cross section

ㅌ

탄젠트 tangent
통계 statistics

ㅍ

파이 pi(π)
파인트 pint
판별식 discriminant
팔각형 octagon
팩토리얼(계승) factorial
퍼센트(%), 백분율 percent
퍼센트 비율 percent proportion
퍼센티지 percentage
평각 straight angle
평균 average
평균 mean
평면 plane
평면도형 plane figure
평행사변형 parallelogram
평행사변형의 높이 altitude of a parallelogram
평행사변형의 법칙 parallelogram law
평행선 parallel lines
평행이동 translation
평행정리 Parallel Postulate

평행한 두 선 사이의 거리 distance between two parallel lines
포물선 parabola
포함하는 involving
표 tables
표본공간 event space
표본공간 sample space
표본조사 sampling
표, 차트 chart
플라톤의 입체 Platonic solid
피타고라스 정리 Pythagorean theorem
피타고라스의 수 Pythagorean triple
피트 foot
필요충분조건 If and only If

ㅎ

하중평균 weighted average
할선 secant segment
한 점과 선 사이의 거리 distance between a point and a line
한 직선 상의 두 각 linear pair
함수 function
함수를 0으로 만드는 값 zeros (of a function)
함수 표기 functional notation
합 sum
합계 total
합동 congruent
합동변환, 등장(等長) congruence transformation
합동인 각 congruent angles
합동인 삼각형 congruent triangles

합동인 선분 congruent segments
합동인 원 congruent circles
합동인 입체(도형) congruent solids
합동인 직각삼각형 congruent right triangles
합동인 호 congruent arcs
합력 resultant
합성명제 compound sentence
합성수 composite number
합집합 union (of set)
항 term
항등식 identity
해, 답 solution
해(解)를 가지는 consistent
해집합 solution set
행렬의 곱셈 scalar multiplication
현(弦) chord
현의 호 arc of a chord
호 arc
호의 길이 arc length
호의 덧셈정리 Arc Addition Postulate
홀수 odd numbers
화씨온도 Fahrenheit temperature scale
확대(또는 축소) dilation
확률 probability
확장중심 center of dilation
회귀선 regression line
회전 rotation
회전각 angle of rotation

회전중심 center of rotation
횡단선 transversal
후항 consequent

아이비리그를 준비하는
수학용어사전

초판 1쇄 발행 | 2011.3.15
초판 3쇄 발행 | 2014.5.1

지은이 | 김선주
펴낸곳 | 자유로운상상
펴낸이 | 하광석
디자인 | 블룸

등록 | 2002년 9월 11일(제 13-786호)
주소 | 서울시 성북구 장위동 231-187 102호
전화 | 02-392-1950 팩스 | 02-363-1950
이메일 | hks33@hanmail.net

ISBN 978-89-90805-56-0 (03410)

· 사전 동의 없는 무단 전재 및 복제를 금합니다.
· 잘못 만들어진 책은 바꾸어 드립니다.
· 책 값은 뒤표지에 있습니다.